Eva Ruppert

Presenting Yourself – Der souveräne Auftritt

Mit modernen Umgangsformen zur optimalen Selbstpräsentation

Eva Ruppert

Presenting Yourself – Der souveräne Auftritt
Mit modernen Umgangsformen zur optimalen Selbstpräsentation
Göttingen: BusinessVillage, 2007
ISBN 978-3-938358-72-6
© BusinessVillage GmbH, Göttingen

Bezugs- und Verlagsanschrift

BusinessVillage GmbH
Reinhäuser Landstraße 22
37083 Göttingen

Telefon: +49 (0)5 51 20 99-1 00
Fax: +49 (0)5 51 20 99-1 05
E-Mail: info@businessvillage.de
Web: www.businessvillage.de

Layout und Satz

Sabine Kempke

Copyrightvermerk

Das Werk einschließlich aller seiner Teile ist urheberrechtlich geschützt. Jede Verwertung außerhalb der engen Grenzen des Urheberrechtsgesetzes ist ohne Zustimmung des Verlages unzulässig und strafbar. Das gilt insbesondere für Vervielfältigung, Übersetzung, Mikroverfilmung und die Einspeicherung und Verarbeitung in elektronischen Systemen.
Alle in diesem Buch enthaltenen Angaben, Ergebnisse usw. wurden von dem Autor nach bestem Wissen erstellt. Sie erfolgen ohne jegliche Verpflichtung oder Garantie des Verlages. Er übernimmt deshalb keinerlei Verantwortung und Haftung für etwa vorhandene Unrichtigkeiten.
Die Wiedergabe von Gebrauchsnamen, Handelsnamen, Warenbezeichnungen usw. in diesem Werk berechtigt auch ohne besondere Kennzeichnung nicht zu der Annahme, dass solche Namen im Sinne der Warenzeichen- und Markenschutz-Gesetzgebung als frei zu betrachten wären und daher von jedermann benutzt werden dürfen.

Bestellnummern

PDF-eBook Bestellnummer EB-743
Druckausgabe Bestellnummer PB-743
ISBN 978-3-938358-72-6

Geleitwort

Wir leben im kommunikativsten aller Zeitalter. Seit Menschengedenken wurde noch nie so viel und dauerhaft Information übermittelt. Jeder Einzelne durchlebt heute täglich viele unterschiedliche Situationen mit den verschiedensten Menschen: Familie, Beruf, Freizeit, vom Geschäftsmeeting oder Gespräch mit dem Chef über den Kundendialog bis hin zur Essenseinladung und Weihnachtsfeier. Und auch Verhalten ist Kommunikation. Viele dieser unterschiedlichen Situationen erfordern ihre eigenen Verhaltensweisen. Überall gibt es Normen, die diese Verhaltensweisen regeln. Wer gegen diese Normen verstößt, verstößt gegen Kommunikationsregeln. Denn Kommunikation besteht nicht nur aus Sprache. Nein, es gibt viele kommunikative Systeme: Gestik, Mimik, Kleidung – und eben Verhaltensregeln. Selbst die Wahl des Autos sagt etwas über seinen Besitzer aus.

Durch all diese Zeichen signalisieren wir unserer Umwelt Informationen. Das hat schon der große Ethnologe und Strukturalist Claude Lévi-Strauss erkannt. Nur mit einem passenden sozialen Verhalten können Menschen in einer sozialen Gruppe auch wirklich erfolgreich sein. Der französische Schriftsteller und Semiotiker Roland Barthes hat dieses Muster für das Kommunikationssystem „Mode" nachgewiesen, denn auch in der getragenen Kleidung steckt soziale Information, die viel über den Träger der Kleidung aussagen kann.

Es gibt also ein Regelwerk für Verhaltensweisen, das die konkreten Handlungen vorgibt, wobei natürlich parallel zum Wandel der Welt immer auch neue Regeln entstehen und bestehende sich ändern. Solche Regeln sind nicht zu unterschätzen, das schreibt schon Montesquieu in seinem Buch „Vom Geist der Gesetze", wenn er betont: Die Grundlage einer Gesellschaft sind die ungeschriebenen Gesetze! Gemeint sind die Gesetze des alltäglichen Verhaltens, denn sie regeln das Miteinander auf allen sozialen Ebenen. Verstöße und schlechte Umgangsformen werden geahndet, perfekte, höfliche und zuvorkommende Umgangsformen machen sozial erfolgreich.

Ohne Krawatte in ein Kunden- oder Vorstellungsgespräch zu gehen, kann vom Gegenüber als ein Ausdruck mangelnder Wertschätzung interpretiert werden. Jemandem nicht die Tür aufzuhalten, wenn dieser schwer bepackt daherkommt, wird als Affront empfunden. So entsteht schnell ein Imageproblem. Kein Wunder, wir leben heute in einem Bildzeitalter. Wir machen uns schnell ein Bild von unserem Gegenüber und dieser erste Eindruck bleibt tief haften. Die richtigen Gesten beim Geschäftstermin, das richtige Fingerspitzengefühl in schwierigen Momenten, die Feinheiten bei offiziellen Anlässen, passende Umgangsformen – das alles hat seinen Sinn. Denn: Normen sind wichtig. Sie geben uns Orientierung in einer immer komplexer werdenden Welt. Sie geben uns Halt und sie entlasten uns in der konkreten Situation, so dass man sich auf den Inhalt der Begegnung konzentrieren kann und nicht ständig darüber nachdenken muss, was nun richtig oder falsch ist. Genau so entstehen Souveränität und Vertrauen.

Grund genug, sich mit der eigenen Wirkung auseinanderzusetzen. Sind alle Signale richtig erkannt, und sind alle Regeln beachtet, dann gibt es keine kommunikativen Störungen, keine Basis für Missverständnisse. Dann ist die Basis für erfolgreiche Kommunikation sichergestellt. Das alles ist leicht erkennbar und keine Hexerei. Das vorliegende Buch gibt dafür auf kompakte Weise das richtige Instrumentarium an die Hand.

Dr. Gunther Schunk

Geleitwort 3

Über die Autorin 7

1. Einführung: Wertschätzendes Verhalten – Wichtiger als jedes Zeugnis 9

2. Einleitung: Die Top Ten der täglichen Umgangskatastrophen 11
    Die klassische Anwendung der Etikette 12
    Mann und Frau im Business 14

3. Der erste Eindruck zählt! 19
    Grundlegende Phänomene von Wahrnehmung und Wirkung 19

4. Der gelungene Einstieg 23
    Check-up 23
    Warm-up – Die richtige innere Einstellung 25

5. Zum Auftakt: Repräsentation und Begrüßung 31
    Der Umgang mit der Zeit 31
    Empfang von Gästen 34
    Formen des Grüßens 38
    Formen des Vorstellens 42
    Anredeformen 50
    Handschlag 55
    Kussrituale 59
    Die Visitenkarte 61
    Smalltalk – Die kleine Plauderei 64
    Begleiten von Besuchern 66

6. Im Gespräch – Immer den richtigen Ton treffen 71
    Individualdistanz 71
    Platzieren 73
    Richtig miteinander reden – Eine tägliche Herausforderung 76
    Der Verhandlungsstil – Auch eine Frage des Umgangs 77
    Kommunikation mit ausländischen Gästen 78
    Kommunikation mit älteren Herrschaften 79
    Kommunikation mit Jugendlichen 79

7. Oft vernachlässigt: Der letzte Eindruck zählt auch 81

8. In der Öffentlichkeit 85
- Mit Stil durch die Erkältungszeit 85
- Ablegen des Mantels 87
- Siezen und Duzen 88
- Danksagen 90
- Platz nehmen 91

9. Stolperfalle Businesslunch 93
- In der Garderobe 93
- Im Restaurant 93
- Bei Tisch 93

10. Auf Reisen 97
- Mit dem PKW 97
- Im Zug 98
- Im Flugzeug 98
- Im Hotel 99

11. Kleider machen Leute – Das passende Business-Outfit 101
- Garderoben-Standards 101
- Die 19 Gebote zur repräsentativen Garderobe 105

12. Starten Sie durch mit Presenting Yourself! 107

Auflösung der Übungen 109

Weiterführende Literatur und Quellen 115

Stichwortverzeichnis 117

Über die Autorin

Eva Ruppert ist Trainerin und Beraterin aus Leidenschaft. Das kann jeder erkennen, der sie einmal als Referentin erlebt hat.

Sie versteht es, auch die neuesten wissenschaftlichen Erkenntnisse auf lebendige und praxisnahe Weise zu erläutern und in den aktiven Seminarprozess zu integrieren.

Ihre 14-jährige Berufserfahrung und fundierte Fachkenntnisse garantieren konstruktives und nachhaltiges Arbeiten.

Sie ist Inhaberin des Trainings-Institutes SolVentureCom. In ihrer Funktion betreut sie nationale und internationale Manager, Topseller und Spitzen-Dienstleister namhafter Unternehmen in der Realisierung ihrer erfolgreichen Unternehmenskultur. In individuellen Einzelsitzungen berät sie Damen und Herren jeden Alters und hilft ihnen, ihren ganz persönlichen Stil zu hervorzuheben.

Soziales Engagement und das Mitwirken bei gemeinnützigen Projekten ist für Eva Ruppert selbstverständlich. Sie veranstaltet regelmäßig Jugend- beziehungsweise Frauen-Seminare für Schulen, Vereine und Verbände sowie Bewerber-Workshops an Universitäten und Fachhochschulen.

Kontaktdaten der Autorin:

SolVentureCom
Training & Coaching by Eva Ruppert
Postfach 2922
96418 Coburg
Telefon: +49 (0) 95 62 42 00
Telefax: +49 (0) 95 62 40 33 85
E-Mail: info@solventurecom.com
Web: www.solventurecom.com

Eva Ruppert bietet in ihren offenen und firmeninternen Seminaren folgende Inhalte:

- Personal und Corporate Image
- Interkulturelle Kommunikation
- Exzellente Gastlichkeit
- Mich vorstellen, wie stell ich das an?
- Mehr Mut zum ICH

Danksagung

An der Entstehung dieses Buches waren viele fleißige und mir wohlgesonnene Menschen beteiligt, die mich unterstützt und immer wieder mit frischen Impulsen versorgt haben. Bei all diesen Menschen möchte ich mich ganz herzlich bedanken.

Bei **Hans-Dieter Wolf**, der mich durch alle Phasen des Konzeptes begleitete und meinen Text in Form brachte,

bei **Herrn Dr. Gunther Schunk**, bei meiner Familie und meinen Freunden für ihren unbeirrbaren Glauben an den Erfolg des Buches, bei meinen Kunden, ohne deren vielfältige Fragen und Anregungen dieses Buch nicht entstanden wäre.

Mein Dank geht auch an **Christian Hoffmann** und **Jens Grübner** und das Team vom Verlag BusinessVillage, die das Projekt tatkräftig unterstützten und damit das vorliegende Ergebnis erst ermöglichten.

1. Einführung:
Wertschätzendes Verhalten – wichtiger als jedes Zeugnis

> *„Wir sehen die erfahrensten, geschicktesten Menschen bei alltäglichen Vorfällen unzweckmäßige Mittel wählen, sehen, daß es ihnen mißlingt, auf andere zu wirken, daß sie mit allem Übergewicht der Vernunft dennoch oft von fremden Torheiten und vom Eigensinn der Schwächeren abhängen, daß sie von schiefen Köpfen, die nicht wert sind, ihre Schuhriemen aufzulösen, sich müssen regieren lassen ... Woher kommt das? Was ist es, das diesen fehlt und andre haben?"*
>
> *„Es ist die Kunst des Umgangs mit Menschen, die Kunst sich geltend zu machen, ohne beneidet zu werden."*
>
> Adolph Freiherr von Knigge

In meiner Tätigkeit als Trainerin erlebe ich immer wieder, dass nicht jeder kompetente Mensch auch zwangsläufig kompetent auftritt und nicht jeder inkompetente Mensch eben diesen Eindruck hinterlässt. Woran liegt das? Unter anderem liegt es daran, dass in Schule, Berufsschule und am Arbeitsplatz vor allem Sach- und Fach-Kompetenz gefördert wird. Die Vermittlung der Soft Skills kommt, sei es aus Zeit- oder Kostengründen, oft zu kurz.

Selbstverständlich brauchen wir im Geschäftsleben Fachkompetenz. Aber wenn Sie sich allein darauf verlassen, werden Sie leider enttäuscht werden. Sie werden feststellen, dass das bloße Erledigen von Aufgaben, das fachkundige Handhaben von Materialien und das Verstehen von Sachverhalten zwar die Basis Ihrer beruflichen Tätigkeit darstellt, aber keinesfalls ein Garant für Erfolg ist. Erst das wertschätzende Verhalten schafft die notwendige Akzeptanz und damit eine Vertrauensbasis unter Geschäftspartnern.

Um erfolgreich zu sein, brauchen Sie das Verständnis für eine bewusste Darstellung sowohl Ihrer fachlichen Fähigkeiten als auch Ihrer sozialen Kompetenz. *„Presenting Yourself"* bietet Ihnen ein Bündel an Strategien und Techniken, um Ihre persönlichen Qualitäten vorteilhaft darzustellen.

„Presenting Yourself" lässt sich als gezielte Einflussnahme auf den persönlichen Eindruck beschreiben. Durch aktives, zielgerichtetes Handeln wird eine geplante Wirkung erreicht.

Mit diesem Buch gebe ich Ihnen Werkzeuge an die Hand, die Sie mit Leben erfüllen und direkt in Ihren Geschäftsalltag einbringen können. Sie werden staunen, wie die hier aufgeführten Empfehlungen Ihre zwischenmenschlichen Kontakte und somit Ihren persönlichen Erfolg im Geschäftsleben und in der Öffentlichkeit positiv beeinflussen.

In meiner Argumentation stütze ich mich vor allem auf persönliche Erfahrungen aus meiner 14-jährigen Tätigkeit als Image- und Kommunikations-Trainerin. Darüber hinaus fließen Ergebnisse umfangreicher Befragungen von Geschäftspartnern, Beiträge von Seminarteilnehmern aus Reflexionsgesprächen sowie aktuelle Erkenntnisse aus Kommunikationswissenschaft, Gedächtnis- und Wahrnehmungspsychologie ein.

Praxisorientierung und sofortige Anwendbarkeit der Tools sind das erklärte Ziel. Sie werden überrascht sein, welche Faktoren in Ihrer Selbst-Präsentation tatsächlich eine Rolle spielen.

Die einzelnen Kapitel des Buches sind voneinander unabhängig. Sie können sie, abgesehen von der Einführung, in beliebiger Reihenfolge lesen.

Aus Gründen der leichteren Lesbarkeit habe ich auf die geschlechtliche Unterscheidung wie „der-/diejenige" etc. verzichtet. Bei tatsächlichen Unterschieden in den Verhaltensnormen habe ich mich auf das jeweilige Geschlecht bezogen.

Mit den Übungen am Ende der Kapitel erhalten Sie ein methodisches Werkzeug, mit dem Informationen gesammelt und gedanklich aufbereitet werden können.

In diesem Sinne, viel Freude beim Lesen und Erleben, herzlichst Ihre

Eva Ruppert

2. Einleitung:
Die Top Ten der täglichen Umgangskatastrophen

Dieses Buch gibt Ihnen einen ausführlichen Überblick über moderne Verhaltensnormen. In diesem Kapitel möchte ich Ihnen schon einmal in Kürze die Top Ten der Umgangskatastrophen vorstellen.

Wie wichtig gute Umgangsformen sind, merken wir spätestens, wenn wir wieder in ein Fettnäpfchen getreten sind. Was mich als Trainerin überrascht: es sind immer wieder dieselben kleinen Katastrophen, die schnell passieren und dann unangenehme Nachwirkungen haben. Die folgende Top-Ten-Liste der täglichen Umgangskatastrophen ist das Ergebnis von Befragungen meiner Seminarteilnehmer in den letzten 15 Jahren.

Top 1: Unpünktlichkeit
Menschen warten zu lassen bedeutet respektlos mit deren Zeit umzugehen. Allerdings versteht man unter Unpünktlichkeit nicht nur das Zuspätkommen. Bei gesellschaftlichen Anlässen vor dem vereinbarten Zeitpunkt anzukommen setzt die Gastgeber nur unnötig unter Druck.

Top 2: Auf die Pelle rücken
Hohe Sensibilität erfordert der persönliche Raum eines Menschen, zum Beispiel sollte beim Gespräch der gebotene Mindestabstand zum Gegenüber nie unterschritten werden. Auch wird es oft als aufdringlich empfunden, wenn Leute mit ausgestreckter Hand auf einen zustürmen und so quasi den Handschlag vom Gegenüber erzwingen.

Top 3: Handy-Manie
Es sollte selbstverständlich sein, dass das Handy in der Kirche, im Kino, im Theater, bei Beerdigungen, Vorträgen und Meetings ausgeschaltet wird. Und immer dort, wo Menschen Entspannung und Konzentration suchen, bleibt das mobile Telefon zumindest auf lautlos geschaltet.

Top 4: Jemanden im Gespräch unterbrechen
Eile ist nicht immer der beste Weg zum Ziel, dies gilt besonders in der Kommunikation. Selbst wenn man der Meinung ist, zu wissen, worauf der Gesprächspartner hinaus will, sollte man ihn unbedingt ausreden lassen und aktiv zuhören.

Top 5: Fehlender Blickkontakt
Menschen, die andere im Vorbeigehen einfach übersehen, ihrem Gegenüber beim Grüßen nicht in die Augen schauen oder gar während der Begrüßung den Blickkontakt bereits mit der nächsten Person suchen, gelten nicht umsonst als arrogant.

Top 6: Ausgrenzen Dritter
Folgende Situation: Zwei Kollegen Herr A und Herr B sind auf dem Weg ins Besprechungszimmer und begegnen Herrn C. Herr A und Herr C sind sich bekannt und unterhalten sich angeregt miteinander. Herr B bleibt dabei außen vor, er gerät plötzlich im Interesse von Herrn A an die letzte Stelle. So verscherzt man es sich schnell beim übersehenen Dritten.

Top 7: Ungedämpfte Nies-Attacken

Auch wenn Niesen oft unerwartet kommt, sollte man die Dimension der Belästigung doch bewusst in Grenzen halten. Niesen ohne ein vorgehaltenes Stofftaschentuch oder vorgehaltenen linken Handrücken ist weit mehr als eine Belästigung für umstehende Personen, es birgt unter Umständen ein Gesundheitsrisiko durch Tröpfcheninfektion.

Top 8: Verwahrloste Visitenkarte

So klein sie auch sein mag, sie repräsentiert die Geschäftspersönlichkeit des Inhabers und dessen Unternehmenskultur gleichermaßen. Deshalb sind Eselsohren, Kaffeeflecken, Fingerabdrücke, handschriftliche Vermerke oder Korrekturen ebenso tabu wie körperwarme Visitenkarten, zum Beispiel der Brusttasche des Hemdes entnommen.

Top 9: Grobheiten

Andere anrempeln, sich in der Schlange vordrängen, jemandem die Tür vor der Nase zuknallen, den Kollegen mit dem Aktenberg auf den Armen die Tür selbst öffnen lassen, all das sind deutliche Gewohnheiten ungehobelter und rücksichtsloser Zeitgenossen, mit denen im Grunde keiner etwas zu tun haben will.

Top 10: Unangemessene Kleidung

Textile Signale sind immer auch deutliche Zeichen der Wertschätzung gegenüber Anlass und Gastgeber. Wobei das anmaßende *„over-dressed"* ebenso negative Auswirkungen haben kann wie das nachlässige *„badly-dressed"*.

Diese Umgangskatastrophen passieren Ihnen nicht? Ganz sicher? Dann können Sie dieses Buch fast schon zur Seite legen. Für die meisten Menschen aber gilt, dass sie zwar von ihrem Elternhaus gute Umgangsformen mit auf den Weg durchs Leben bekommen haben, die in manchen Situationen bestimmt auch korrekt sind, doch die die Anforderungen aller Nuancen zwischen gesellschaftlichen und beruflichen Verhaltensnormen nicht ausreichend erfüllen.

Die klassische Anwendung der Etikette

„Ladies first."
„Der Herr hilft der Dame in den Mantel."
„Man wünscht nicht mehr Gesundheit."
„Der Mitarbeiter grüßt den Vorgesetzten."

Haben Sie solche oder ähnliche Verhaltensvorgaben auch schon allzu oft gehört oder gelesen? Und wenn Sie nachfragten, warum dies so sei, haben Sie immer die selbe unbefriedigende Antwort erhalten? *„Das ist eben Etikette."*

Genau hier setze ich gerne an. Gute Umgangsformen über die im anonymen *„Council of Etiquette"* vorgegebenen Regeln hinaus transparent zu machen, sie auf ihre Gültigkeit hin zu prüfen und wenn nötig situativ zu entscheiden, ob die eine oder andere Regel nicht doch einer individuellen Auslegung bedarf.

Wir finden in Deutschland zwei unterschiedliche Verhaltensnormen, die den heutigen politischen und gesellschaftlichen Rahmenbedingungen angepasst sind. Zum einen die Etikette, die unser Verhalten bei gesellschaftlichen Anlässen beeinflusst, zum anderen das Protokoll, das unser Verhalten bei geschäftlichen Anlässen regelt.

Beide Verhaltensregeln werden in diesem Buch behandelt, um zu veranschaulichen, dass und warum es einen Unterschied gibt zwischen Damen und Herren im gesellschaftlichen Leben und warum es keine Unterscheidung nach Geschlechtern im Geschäftsleben geben darf.

Überall da, wo Regeln nicht bis ins kleinste Detail vorgegeben sind, werde ich einen Handlungsrahmen aufzeigen. Wenn in Einzelfällen situative bestimmte Verhaltensweisen notwendig werden, gebe ich dazu konkrete Hinweise.

Etikette

Unsere heutigen gesellschaftlichen Verhaltensregeln gehen größtenteils auf höfische Regeln aus dem 17. Jahrhundert zurück. Sonnenkönig Louis XIV war maßgeblich daran beteiligt. Sein gewaltiger Hofstaat umfasste zeitweise bis zu 15.000 Adlige. Durch die Vielzahl der Höflinge kam es immer wieder zu Verwechslungen. Um dem vorzubeugen, heftete man den Mitgliedern des Hofstaates einen Zettel an die Kleidung, auf denen ihr Rang verzeichnet war. Diese Zettel, im französischen *„Etiquette";* sind der Ursprung des Begriffs, der noch heute für unser Verhalten im gesellschaftlichen Leben steht.

Hierarchie bei gesellschaftlichen Anlässen

- Die Dame ist ranghöher als der Herr.
- Die ältere Dame ist ranghöher als die jüngere Dame.
- Der ältere Herr ist ranghöher als der jüngere Herr.
- Der wesentlich ältere Herr ist ranghöher als die jüngere Dame.

Bei gesellschaftlichem Anlass spielen Geschlecht und Alter die entscheidenden Rollen. Wobei das Alter auch heute noch grundsätzliches Kriterium ist, um zuvorkommend behandelt zu werden, während die Vorzüge aufgrund des Geschlechts allein auf gegenseitiger Freiwilligkeit basieren können.

Begründung 1:

Damen bei Hofe trugen unnatürlich eng geschnürte Corsagen, die zwar für eine optisch einwandfreie Taille sorgten, ihnen aber auch die Luft zum Atmen nahmen. Dies versetzte sie regelmäßig in Ohn-Macht. In diesem Zustand der Schwäche stand ihnen der Kavalier unterstützend zur Seite.

Begründung 2:

Damen bei Hofe trugen Kleider von enormem Ausmaß und waren so nicht in der Lage, alltägliche Dinge, wie zum Beispiel das Öffnen einer Tür, das Platznehmen bei Tisch, selbst durchzuführen. Bedienstete oder der Kavalier an ihrer Seite waren ihr behilflich.

Da die Damen dieser Zeit, außer dem Recht hofiert zu werden, wenig gesellschaftliche Rechte hatten, ist es verständlich, dass sie diese Privilegien genossen.

Aufgrund des gesellschaftlichen und textilen Fortschritts ist es allerdings nachvollziehbar, dass einige der damals durchaus sinnvollen Verhaltensregeln heute nicht mehr als zwingend notwendig angesehen werden können. Zum Beispiel trägt die Dame heute selbst zu hohen gesellschaftlichen Anlässen wesentlich funktionellere Kleidung und ist in ihrer Handlungsfreiheit nicht mehr eingeschränkt, darüber hinaus hat die moderne Frau die gleichen gesellschaftlichen Rechte wie der Mann.

Ein Umdenken bei beiden Geschlechtern ist längst überfällig. Es ranken sich schon zu viele Mythen um die Etikette. Akzeptieren Sie den Siegeszug des gesunden Menschenverstandes gepaart mit dem ehrlichen Wunsch nach einem rücksichtvollen und sympathischen Miteinander.

Protokoll

Das vom Bundesministerium des Inneren verfasste Protokoll bildet die Gesamtheit ordnender zeremonieller Regeln und Aktivitäten bei offiziellen und repräsentativen Anlässen. Protokollarisches Handeln schafft die entsprechende Atmosphäre für Gespräche und Verhandlungen. Es umfasst die Anwendung bestimmter Umgangsformen, die dazu dienen, den Umgang untereinander zu erleichtern. Solche protokollarischen Aufgaben kommen neben Staatsempfängen auch im Geschäftsalltag vor. Sie reichen von repräsentativen Auftritten über die richtige Anrede von Geschäftspartnern und ihre Platzierung bis hin zu Einzelfragen des angemessenen Umgangs.

Hierarchie im Geschäftsleben
- Der Vorgesetzte ist ranghöher als der Mitarbeiter.
- Der Dienstältere ist ranghöher als der Dienstjüngere.
- Der externe Geschäftspartner ist ranghöher als jeder interne Mitarbeiter.

Im Geschäftsleben entscheidet intern in erster Linie die Hierarchie und im Kontakt mit externen Geschäftspartnern die Rolle des Gastes beziehungsweise Gastgebers darüber, wer wen begrüßt, die Hand reicht, den Vortritt lässt usw.

Generell kann davon ausgegangen werden, dass Frauen im Berufsleben ihre etikettebedingten Vorrechte als Dame aufgegeben haben. Moderne Frauen verzichten auf bevorzugte Behandlung, die lediglich vom Geschlecht her abgeleitet wird.

Fallbeispiel 1
Sie erwarten eine Delegation von Geschäftsleuten in Ihrem Haus. Die Gruppe besteht aus fünf Ihnen bekannten Personen: ein Projektleiter mit drei männlichen Mitarbeitern und einer weiblichen Mitarbeiterin.

> **Handlungsempfehlung:**
> Treten Sie an die Gruppe heran und grüßen Sie freundlich in die Runde. Danach wenden Sie sich konkret dem Projektleiter zu, begrüßen ihn noch einmal formell und grüßen dann im Uhrzeigersinn seine Mitarbeiter.

Mann und Frau im Business

Meine Erfahrung mit dem Thema *„gleichberechtigtes Verhalten im Geschäftsleben"* ist, dass sich beide Geschlechter der veränderten Werte durchaus bewusst sind, jedoch Unsicherheit darüber besteht, wie es sich im allgemeinen Verhaltenscodex konkret niederschlägt. Sicherlich kostet es Zeit, bis sich jahrhundertealte Rollenbilder in den Köpfen ändern, aber ein gepflegtes und entspanntes Miteinander kann nur entstehen, wenn sich unser

Verhalten an modernen Werten orientiert und sich nicht an höfischen Vorschriften festklammert.

Die klassischen Ansichten von Etikette beruhen auf einem Frauenbild, das mit der heutigen Wirklichkeit wenig gemeinsam hat. Dennoch sind sie immer noch in den Köpfen vieler Menschen vorhanden und prägen deren Verhalten. Damit entsteht reichlich Potenzial für schwierige Situationen. Denn wonach sollen wir uns richten? Sollen wir die klassische Etikette und höfischen Umgangsformen weiter anwenden? Oder sollen wir ganz im Sinne der Gleichberechtigung den Geschlechterunterschied im täglichen Verhalten komplett negieren?

Sie merken, hier kommen Sie mit starren Höflichkeitsregeln nicht weiter. Seien Sie daher aufmerksam und passen Sie Ihr Verhalten der Situation und Ihrem Gesprächspartner an. Vergegenwärtigen Sie sich, dass Umgangsformen nie Selbstzweck sind, sondern immer der Ausdruck eines wertschätzenden Miteinanders. Stellen Sie sich daher in schwierigen Situationen die Frage „*Welches Verhalten wird am ehesten als Zeichen der Wertschätzung von meinem Gegenüber wahrgenommen?*".

Fallbeispiel 2
Sie begleiten als Mitarbeiterin Ihres Unternehmens einen männlichen Gast ins Besprechungszimmer. Der Herr ist Zeit seines Lebens die traditionellen Höflichkeitsformen gewohnt. Er gibt dies zu verstehen, indem er ganz automatisch auf Ihre linke Seite wechselt. Als souveräne Geschäftsfrau, der in erster Linie das Wohlbefinden ihres Gastes am Herzen liegt, akzeptieren Sie diese Verhaltensweise, geben jedoch das Heft nicht aus der Hand.

Fallbeispiel 3
Sie werden als männlicher Gast von einer weiblichen Geschäftspartnerin in deren Unternehmen begleitet und kommen an einen Lift. Die Gastgeberin wird Ihnen voraussichtlich den Vortritt gewähren. Nehmen Sie als aufgeschlossener Geschäftspartner diese Höflichkeit mit einem freundlichen Lächeln entgegen. Es macht wenig Sinn auf das „Nach Ihnen!" zu bestehen.

Aufruf an die Männer

Verbannen Sie das Bild des zu hofierenden, da schwächeren Geschlechts. Wenn Ihr Verhalten von übertriebener Fürsorge bestimmt ist, provoziert dies lediglich die Interpretation: *„Lass Dir helfen, das kannst Du nicht allein"* und kann als Schuss nach hinten losgehen.

Fallbeispiel 4
Nach einem Geschäftsessen sitzen Geschäftspartner in der Zigarren Lounge. Eine Dame möchte sich einen Zigarillo anzünden und nimmt das Feuerzeug in die Hand. Einer der Herren nimmt ihr das Feuerzeug aus der Hand, um ihr Feuer zu geben.

Handlungsempfehlung
Es mag höflich gemeint sein, kann aber auch als dominant interpretiert werden. Ein wirklich aufmerksamer Herr hätte das Feuerzeug rechtzeitig vom Tisch aufgenommen, noch bevor die Dame selbst danach greift.

Fallbeispiel 5
Eine Mitarbeiterin des Hauses begleitet einen externen männlichen Geschäftspartner durch das Gebäude. Sie wollen den Fahrstuhl benutzen. Sie drückt auf den Knopf, die Türen öffnen sich und sie gibt mit einem Handzeichen und einem freundlichen Lächeln zu verstehen, dass sie dem Gast den Vortritt lässt. Der Herr jedoch besteht darauf, dass die Dame vorgeht.

Handlungsempfehlung
Die Reaktion „Ladies first" ist in diesem Fall in zweifacher Hinsicht unangebracht. 1. Der Gastgeber, gleich ob männlich oder weiblich, kümmert sich um das Wohl seiner Gäste. Er öffnet die Türen und lässt den Gast vorgehen. 2. Die Erwiderung „Ladies first" auf die non-verbale Geste *„Bitte treten Sie ein"* kommt einer versteckten Belehrung gleich und gibt den Anschein, dass sie mehr dem Selbstzweck dient: *„Ich weiß es besser als Du"* als der Höflichkeit.

Resumee
Wenn Sie mit modernen Geschäftsfrauen in eine erfolgreiche geschäftliche Beziehung treten wollen, respektieren Sie Ihr weibliches Gegenüber als gleichwertige Gesprächs- beziehungsweise Verhandlungspartnerin, beziehungsweise Kollegin.

Dies schließt gegenseitige Höflichkeit und Rücksichtnahme in keinem Fall aus. Im Gegenteil, kleine Gesten der Aufmerksamkeit, tragen durchaus zum guten Betriebsklima bei. Höflichkeit und Hilfsbereitschaft dürfen aber nicht vom Geschlecht abhängig sein, wenn zum Beispiel ein männlicher Kollege voll bepackt vor verschlossener Tür steht, ist es selbstverständlich, dass der männliche Kollege ihm diese öffnet.

Aufruf an die Frauen

Viele Frauen haben inzwischen ein gesundes Selbstverständnis dafür entwickelt, dass es nichts nützt, zu versuchen, sich durch reine Imitation männlicher Verhaltensweisen im Berufsleben durchzusetzen. Dies hat einigen der Wegbereiterinnen der achtziger Jahre lediglich die hämische Bezeichnung „Mannweiber" eingebracht. Wohlgemerkt, es sind hier nicht die Anforderungen an die Kompetenz gemeint!

Es gibt ihn noch, den meist älteren Verfechter der traditionellen Etikette, der keinen Unterschied macht zwischen Etikette und Protokoll.

Handlungsempfehlungen:

- *Die Gastgeberin lässt dem externen männlichen Geschäftspartner alle Höflichkeiten zukommen, die ihm als Gast zustehen. Sie bietet ihm beispielsweise auf dem Weg ins Besprechungszimmer ihre ehrenvolle rechte Seite an, öffnet Türen und lässt ihm den Vortritt in das Besprechungszimmer.*
- *Die Geschäftsfrau hilft auch dem männlichen Gast aus dem Mantel. Mit den diplomatischen Worten „Wenn Sie ablegen möchten, dürfen Sie mir gern den Mantel geben", überlässt sie dem Gast die Entscheidung. So kann er Hilfe zulassen oder den Mantel selbst auszuziehen und ihn der Gastgeberin lediglich zum Aufbewahren übergeben. Natürlich gibt es hier physische Grenzen, zum Beispiel wenn der männliche Gast wesentlich größer ist als die Gastgeberin.*

Resumee

Das Bild des zu hofierenden, da schwächeren Geschlechts könnte schneller ausgeräumt werden, wenn Frauen unbegründete Sonderrechte aufgeben würden.

Es ist wenig überzeugend, als Frau auf Sonderbehandlung zu bestehen, andererseits jedoch die Gleichberechtigung der Geschlechter einklagen zu wollen. Treten Sie selbstbewusst und stilvoll auf und nehmen Sie Gesten eines Kavaliers wohlwollend an. Es hindert Sie ja niemand daran, trotz allem kompetent aufzutreten.

3. Der erste Eindruck zählt!

Jeder Mensch ist ein Individuum und hat seine ganz eigene Art mit Menschen umzugehen. Nichtsdestotrotz gibt es allgemein gültige Ordnungen, die der Wahrnehmung bei allen Menschen zugrunde liegen.

Wie Menschen sich gegenseitig wahrnehmen, richtet sich nach den Grundprinzipien der Menschenkenntnis und Wahrnehmung. Menschenkenntnis entstammt der Lebens- und Berufserfahrung. Wahrnehmung ist der Prozess der bewussten Aufnahme von Informationen über die Sinne. Erst wenn wir verstehen, wie Wahrnehmung und persönliche Wirkung zustande kommen, lernen wir gezielt damit umzugehen.

Grundlegende Phänomene von Wahrnehmung und Wirkung

Primär-Effekt (engl. primacy-effect)

Dieses Gedächtnisphänomen tritt insbesondere bei Beurteilungen auf und besagt, dass früher eingehende Informationen stärker bewertet werden als später eingehende Informationen. Dies geht soweit, dass der Mensch sich weigert, seinen ersten Eindruck zu revidieren und ein vom ersten Eindruck abweichendes Verhalten des Gegenübers ausblendet.

In einer Studie erhielten zwei Gruppen von Versuchspersonen je eine Liste mit Persönlichkeitseigenschaften einer fiktiven Person.

Beide Listen waren identisch, lediglich die Reihenfolge unterschied sich:

Liste A: intelligent, fleißig, impulsiv, kritisch, dickköpfig, neidisch

Liste B: neidisch, dickköpfig, kritisch, impulsiv, fleißig, intelligent

Die anschließende Befragung der Teilnehmer ergab, dass die in Liste A beschriebene Person als kompetent und Person B als problematisch bewertet wurde. (Quelle: Asch, 1946)

Anwendung:
Auf den Geschäftsalltag übertragen können wir sagen, dass jeder Mensch Stärken und Schwächen hat. Wenn aber zuerst die Stärken erkennbar sind, bildet sich das Gegenüber auf dieser Basis eine Meinung und die danach folgenden Schwächen verlieren an Bedeutung.

Wahrnehmungsphänomene beeinflussen allerdings nicht allein unsere Wirkung im ersten Eindruck, sondern nehmen auch starken Einfluss auf alle weiteren Phasen einer geschäftlichen, beziehungsweise gesellschaftlichen Beziehung.

Rezenz-Effekt (engl. recency-effect)

Der erste Eindruck prägt, der letzte Eindruck bleibt. Grano beschreibt in seinen Studien das Erinnerungsvermögen von Personen. Später eingehende Informationen erhalten einen größeren Einfluss, da die zuletzt empfangene Information nicht von weiteren, nachfolgenden Informationen überdeckt und so besser verarbeitet werden kann. Sie bleibt im Gedächtnis hängen. (Quelle: Grano, 1987 bis 1996)

Anwendung:
Jeder, der einen guten Eindruck beim Geschäftspartner hinterlassen möchte, sollte berücksichtigen, dass der letzte Eindruck deutlich im Gedächtnis haften bleibt. Bedanken Sie sich bei Ihrem Gegenüber für das Gespräch und fragen Sie nach, ob Sie noch irgendetwas für ihn tun können. Nehmen Sie sich die Zeit, den Gast höflich zu verabschieden.

55-38-7-Rule

Unsere fünf Sinne bilden die Basis unserer Wahrnehmung. Allerdings ist unsere Wahrnehmung nicht gleichermaßen auf alle Kanäle verteilt. Vielmehr haben unsere Sinne deutlich unterschiedliche Aufnahmekapazitäten und können in folgender Reihenfolge genannt werden: Gesichtssinn, Tastsinn, Gehörsinn, Geruchssinn und Geschmackssinn.

Die 55-38-7-Rule wird häufig als verbindliche Regel der Kommunikation angeführt. Sie besagt, dass nur 7 Prozent unserer Wirkung durch Worte transportiert werden, 38 Prozent der Wirkung erzielen wir durch Stimme, Sprechtempo, Sprachmelodie, Lautstärke, Pausen und 55 Prozent durch non-verbale Signale wie Aussehen und Auftreten.

Die Ergebnisse beziehen sich auf die Bedeutung verbaler und non-verbaler Signale und Nachrichten in Bezug auf Mögen und Nicht-Mögen einer Person. Wenn also die Gesprächspartner nicht über Gefühle oder Einstellungen sprechen, gelten diese Werte nicht gleichermaßen. Das bedeutet, die Gleichung ist nicht auf fachliche Gespräche wie Verhandlungen oder Diskussionen anwendbar, hier sind zweifellos Fachwissen, Zahlen und Fakten entscheidend. (Quelle: Mehrabian, Ferris, 1967)

Anwendung:
In der heutigen Geschäftskultur finden wir in der face-to-face-Kommunikation überwiegend visuell und auditiv geprägte Menschen. Um eine Stimmigkeit zwischen Inhalt und Vermittlung Ihrer Botschaft zu erreichen, sollten Sie Gesten, Intonation und Worte gezielt aufeinander abstimmen.

Self-fulfilling prophecy

Eine sich selbst erfüllende Prophezeiung ist eine Voraussage, die ihre Erfüllung selbst verursacht. Diese Aussage basiert auf der Annahme, dass man selbst auf die Umwelt Einfluss nimmt und versucht, sie so in die Richtung zu verändern, die man erwartet. (Quelle: Merton 1948, Rosenthal 1958)

Anwendung:
Es ist vorteilhaft, schon im Erstkontakt einen guten Eindruck zu hinterlassen, da der Gesprächspartner versuchen wird, seine hohen Erwartungen, resultierend aus dem ersten Eindruck, auch in der späteren Zusammenarbeit bestätigt zu bekommen.

Das soll kein Freischein für Blender sein, da Vorspiegelung falscher Tatsachen früher oder später entlarvt wird. Doch die Bedeutung eines souveränen ersten Eindrucks ist nicht von der Hand zu weisen: Der erste Eindruck ist die Chance des erfolgreichen Einstiegs in eine Geschäftsbeziehung.

Wir alle sind nicht frei von Vorurteilen. Vor allem im ersten Eindruck spielen Stimmungsschwankungen und individuelle Erfahrungen eine große Rolle. Wo immer zwei Menschen kommunizieren, können Wahrnehmungsverzerrungen auftauchen.

Stereotypen
Unter Stereotypen versteht man eine Ansammlung von Eigenschaften und Verhaltensweisen, die in vereinfachter Form bestimmten Personengruppen zugeschrieben werden, meist mit hohem Wiedererkennungswert. Durch eine solche Verallgemeinerung kann eine leistungs- und personenbezogene Einschätzung nicht zustande kommen.

Beispiel:
„Brasilianer sind extrem unpünktlich."

Unbewusste Projektion
Die Wahrnehmung von Personen wird von bereits vorhandenen Gefühlen, Einstellungen und Motivationen stark beeinflusst. Erkennt man beispielsweise im Gegenüber eine bereits bekannte Person, so kann es vorkommen, dass man ihm deren Eigenschaften überstülpt.

Beispiel:
„Der erinnert mich an ... Der ist bestimmt auch so ein arroganter Typ."

Nivellierende Wahrnehmung
In diesem Fall neigt der Beurteilende dazu, alle Gesprächspartner gleich zu behandeln. Diese einebnende Vorgehensweise wird vom Beurteilenden zwar als gerecht empfunden, ist es aber nicht.

Beispiel:
„Alle Lieferanten muss man von Anfang an hart rannehmen, damit sie ..."

Selektive Wahrnehmung
Der Beurteilende konzentriert sich auf gewisse Aussehensmerkmale, alle anderen Merkmale treten dahinter zurück.

Beispiel:
„Wenn einer schon einen Vollbart hat, dann hat er sicher etwas zu verbergen."

Überstrahlungs-Effekt
Der Beurteilende nimmt ein bestimmtes Merkmal wahr und beurteilt aufgrund dessen die gesamte Verhaltensweise des Gegenübers.

Beispiel:
„Mein Gesprächspartner hat an einer Elite-Universität studiert, also muss er ja kompetent und erfolgreich sein."

Wahrnehmungsfehler sind der Feind guter Erstkontakte und können beide Gesprächsparteien betreffen. Folglich kommt es für beide Parteien darauf an, sowohl ihre Signale als auch ihre eigene Wahrnehmung immer wieder zu hinterfragen.

Präzision in der Wahrnehmung lässt sich trainieren. Wichtig dabei ist vor allem die Erkenntnis, dass es diese Wahrnehmungsfehler gibt.

> **Handlungsempfehlung**
>
> Gehen Sie vorurteilsfrei in einen Erstkontakt. Lassen Sie sich nicht von Dritten irgendwelche Vor-Urteile aufdrängen. Haben Sie in diesen Situationen sich selbst gegenüber den höchsten Qualitätsanspruch und geben Sie jedem Partner eine zweite Chance.

Die Liste von Effekten, die Psychologen im Zusammenhang mit dem ersten Eindruck ermittelt haben, ließe sich noch fortsetzen. Für Ihre tägliche Praxis in Beruf und Karriere ist jedoch, über die Kenntnis aller möglichen Phänomene hinaus, entscheidend, zu erkennen, dass der erste Eindruck im Gespräch große Wirkung hat und dass wir unseren ersten Eindruck nicht immer bewusst steuern können. Vieles läuft bei uns und unserem Gegenüber unbewusst ab und vor allem können wir uns diesen Phänomenen nicht entziehen.

In Verhandlungen mit wichtigen Geschäftspartnern bedeutet das, dass ein positiver erster Eindruck Ihnen helfen wird, eine angenehme Gesprächsatmosphäre herzustellen. Sie legen damit die Grundlage für ein Überzeugen Ihres Gesprächspartners auf der Sachebene. Der erste Eindruck ist kein Selbstzweck, sondern trägt dazu bei, dass Sie Ihre Interessen und Ziele bei anderen Menschen besser erreichen können.

Umgekehrt kann ein schlechter erster Eindruck alles vernichten. Es kann zu negativen Überstrahlungseffekten kommen wie *„Wenn der Lieferant sich schon im Erstkontakt nicht korrekt benehmen kann, dann wird er unseren Auftrag ebenfalls nicht korrekt ausführen können".*

4. Der gelungene Einstieg

Beginnen wir mit dem wichtigsten Moment einer Geschäftsbeziehung, dem Erstkontakt. Der erste Eindruck, den Sie beim Kennenlernen vermitteln, stellt die Weichen für die darauffolgende geschäftliche Zusammenarbeit. Geboren wird man mit dem Talent zur Gestaltung eines optimalen ersten Eindrucks leider nicht. Es handelt sich vielmehr um Wissen, das man erlernen kann. Wenn es nur klar formuliert und praxisorientiert vermittelt wird, ist es jedem interessierten Menschen zugänglich.

Ein misslungener Eindruck bei geschäftlichen Kontakten hat meist drastische Konsequenzen: der Ruf wird geschädigt, das Vertrauen geht verloren, die Glaubwürdigkeit leidet und die Motivation aller Beteiligten zur weiteren Zusammenarbeit sinkt.

Dabei müsste es gar nicht so weit kommen. Denn ein Großteil schwächender Signale ließe sich vermeiden, wenn man sich ausreichend auf die vor einem liegende Aufgabe vorbereiten würde.

Check-up

Die Basis für einen gelungenen Erstkontakt legen Sie als Gastgeber bereits lange vor dem eigentlichen Gespräch. Denn ein überzeugender Eindruck beginnt mit der perfekten Organisation einer Veranstaltung, vom face-to-face-Gespräch im kleinen Rahmen über die Produkt-Präsentation bis hin zu repräsentativen Groß-Veranstaltungen für externe Geschäftspartner.

Beginnen Sie rechtzeitig und überlassen Sie nichts dem Zufall, denn alles was Sie tun beziehungsweise unterlassen überträgt sich auf Andere. Arbeiten Sie beispielsweise in einem Unternehmen, in dem sich mehrere Abteilungen die Besprechungsräume teilen müssen, kann es schnell passieren, dass keine passenden Räume mehr zur Verfügung stehen. Profis kümmern sich mit ausreichend Vorlauf um ihre „Bühne".

Die Kunst der gelungenen Vorbereitung liegt zum Teil auch darin, Aufgaben an vertrauenswürdige Personen zu delegieren, beispielsweise an die Sekretärin oder den Kollegen. Entscheidend hierbei ist, dass die Zielsetzung klar definiert und vermittelt wird, das heißt, die Helfer brauchen ausreichend Informationen und klare Anweisungen bezüglich ihres Handlungsspielraumes.

Je wichtiger der Anlass ist, umso elementarer ist die Klärung jedes Details, so zum Beispiel auch die Instruktion des Pförtners als erste Visitenkarte des Unternehmens.

Findet die Besprechung in Ihrem Büro statt, sorgen Sie für ausreichend Ablage- und Arbeitsfläche. Kontrollieren Sie Ihren Schreibtisch im Vorfeld dahingehend, dass auch er einen optimalen Eindruck hinterlässt, will heißen beseitigen Sie ein etwaiges Alltags-Chaos.

Eine gute Vorbereitung ist Voraussetzung für den erfolgreichen Verlauf eines Treffens. Leider ist dies nicht immer selbstverständlich. Viele Team-

Arbeitsabläufe leiden, meist aus Gründen des Zeitdrucks, unter mangelnder Vorbereitung. Dabei sollte jedem Profi der Vorteil daraus klar erkennbar sein: es ist ein ungestörter Arbeitsablauf und daraus sich ergebend eine Zeiteinsparung.

Zu einer effizienten Terminvorbereitung gehört die Organisation von Räumlichkeiten und Teilnehmerkreis, Bereitstellung zweckmäßiger Technik, Bewirtung der Gesprächsteilnehmer und der richtige Umgang mit Störfaktoren.

Checkliste

1. Räumlicher und zeitlicher Anspruch
- Nehmen Sie rechtzeitig die Reservierung der Räume vor und berücksichtigen Sie dabei die Anzahl der Teilnehmer.
- Klären Sie, durch wen und wann die Bewirtung erfolgen soll.
- Beugen Sie sämtlichen Störfaktoren vor.
- Legen Sie bei Bedarf eine Sitzordnung fest.
- Schaffen Sie ein optimales Arbeitsklima, dazu gehören Beleuchtung, Ersatzbirnen, Belüftung, Heizung.
- Bedenken Sie auch Kleinigkeiten wie Schreibwaren sowohl für den Sitzungsleiter als auch für die Teilnehmer.

2. Technische Ausrüstung ausgerichtet auf den Bedarf der Zielgruppe
- PC, Laptop, Beamer, OHP
- Fernbedienung, Mikrofon, Leinwand
- TV, Videorekorder
- Pinwand, Flipchart, Moderatorenkoffer
- Verlängerungskabel, Steckdosen, Ersatzlampen, Schreibmaterial
- Mit der Technik vertraut machen

Auf zwei besondere Service-Aspekte aus obiger Liste möchte ich im folgenden Kapitel näher eingehen.

Bewirtung

Bleibt der Gast länger als eine Viertelstunde, empfiehlt es sich, ihm eine Erfrischung anzubieten. Achten Sie dabei auf guten Stil, servieren Sie keinen Kaffee in Teepötten oder Wasser in Plastikbechern. Das Porzellangeschirr muss in tadellosem Zustand sein. Lassen Sie die Arbeitsfläche direkt vor dem Gast für eventuelle Arbeitsutensilien frei.

Machen Sie es von der Größe der Gesprächsrunde und den Platzverhältnissen abhängig, ob Sie als Gastgeber das erste Einschenken selbst übernehmen. Falls es die Umstände ermöglichen, sollten Sie folgende Empfehlungen dazu beherzigen:

Kleine Servierkunde

- Servieren Sie das Geschirr möglichst von rechts und platzieren Sie es so,
- dass der Gast das Geschirr ohne größere Verrenkungen erreichen kann.
- Schenken Sie die Getränke immer abseits der Arbeitsfläche ein, dies verringert die Fleckengefahr.
- Kaffee- und Untertasse bilden eine Einheit und sollten beim Einschenken nicht getrennt werden.
- Rechnen Sie damit, dass manche Kaffeetrinker viel Milch zum Kaffee nehmen und schenken Sie die Tasse nur maximal dreiviertel voll.
- Erfrischungsgetränke schenken Sie bis maximal zur Hälfte des Glases ein.

Umgang mit Störfaktoren

Halten Sie Störungen jeglicher Art und deren Auswirkungen so gering wie möglich. Lärmquellen, zum Beispiel Betriebsgeräusche bei Reparaturarbeiten am Gebäude sollten bereits vorher erkannt und wenn nötig abgestellt werden. Sie lenken ab und stören die Konzentration aller Beteiligten.

Für den Umgang mit Anrufen und unvorhergesehenen Meldungen hilft ein kurzes klärendes Gespräch im Vorfeld. Was tun bei einem Anruf von außen? Soll der Anruf umgeleitet werden, wenn ja, an wen? Und was soll bei einem Notruf von intern geschehen, zum Beispiel bei einem Ausfall im Betriebsablauf? Wer ist zu verständigen? In welchem Fall darf die Besprechung unterbrochen werden?

Zuständigkeiten und Verantwortlichkeiten müssen geklärt sein. Nehmen Sie die negative Signalwirkung von Störungen ernst. Mit jeder Unterbrechung signalisieren Sie dem Gesprächspartner, dass er in Ihrem Interesse weniger wichtig ist als der jeweilige Grund der Unterbrechung.

Ist eine Störung nicht zu vermeiden, so entschuldigen Sie sich höflich bei allen Gesprächspartnern.

Warm-up – Die richtige innere Einstellung

„Warm-up" ist das geeignete Werkzeug, um Ihre Bereitschaft zur aktiven Auseinandersetzung mit der anstehenden Aufgabe zu fördern, Ihre Aufmerksamkeit und Leistungsbereitschaft zu erhöhen und den Körper zu einer ausreichenden Energiebereitstellung anzuregen.

Schlechte Stimmung und Kondition, zum Beispiel durch Zeitdruck oder vorhergehenden Misserfolg, sind dagegen mit einem kompetenten und überzeugenden Auftritt unvereinbar.

Es geht darum, Störfaktoren und Blockaden auszuschalten. Die besten Chancen für eine gute Verhandlung bietet gegenseitige Sympathie. Sie können sich sicherlich keine Sympathie verordnen, aber Sie können Ihre innere Einstellung zum Gespräch und zum Gesprächspartner überprüfen.

Im Verkauf ist diese Tatsache bekannt. Daher empfehlen Verkaufstrainer jedem Verkäufer, der überdurchschnittliche Erfolge haben möchte, täglich an seiner inneren Einstellung zu arbeiten. So unglaublich es für Außenstehende klingen mag: Viele Verkäufer sind durch Autosuggestion erfolgreicher. Sie bilden bewusst positive Gedanken vor einem neuen Verkaufsgespräch und schalten so negative Stimmungen aus.

Kreativer Gedankenaustausch

Haben Sie wieder einmal, vor allem vor schwierigen Gesprächen, das beklemmende Gefühl, völlig in Ihren Gedanken festgefahren zu sein, dann sprechen Sie mit Kollegen, denen Sie vertrauen. Teilen Sie spontan Ihre Gedanken mit und versuchen Sie anstehende Aufgaben aus einer neuen Perspektive heraus zu sehen. So erhalten Sie die notwendige Gelöstheit, um:

- Ihre Aufmerksamkeit und geistige Leistungsbereitschaft zu steigern (Ausschüttung von Noradrenalin)

- positive Gefühle auszulösen (Ausschüttung von Dopamin)
- Signalübermittlungen im Gehirn zu vermehren (Ausschüttung von Acetylcholin)

Wenn kein Kollege zur Verfügung steht, dann schreiben Sie ungefiltert Ihre Gedanken auf und vertrauen Sie auf sich. Das ungehinderte Fließen von Gedanken ebnet uns den Weg zu unseren inneren Ressourcen.

Nimm's mit Humor

Steht die nächste große Herausforderung an? Die Produktpräsentation vor Kunden, die Rede vor großem Publikum, das Konfliktgespräch mit dem Mitarbeiter etc.? Jetzt heißt es vor allem Ruhe bewahren und die Anspannung in den Griff bekommen. Humor hilft Ihnen dabei.

Humor hilft:
- unsere Einstellung zu anstehenden Aufgaben zu verändern,
- Probleme aus einem anderen Blickwinkel heraus zu verstehen,
- eingefleischte Abwehrhaltungen abzubauen und Blockaden aufzulösen.

Kurz gesagt, Humor ist der schnellste Weg zu gelungener, unverkrampfter zwischenmenschlicher Verständigung.

Darüber hinaus konnte in der Psycho-Neuro-Immunologie nachgewiesen werden, dass gute Laune und Lachen das Immunsystem positiv beeinflussen.

Humor und Lachen
- Reduzieren die Ausschüttung von Stress-Hormonen.
- Erhöhen die Wahrnehmung durch Ausschüttung von Endorphinen.
- Senken den Blutdruck und bauen Cholesterin ab.

So ergibt sich ein wirksamer Schutz vor Herzinfarkt, Burn-out-Syndrom und chronischen Erkrankungen. Die Nebenwirkungen des Lachens sind dabei überschaubar. Meistens handelt es sich lediglich um harmlose Irritationen im näheren Umfeld gut gelaunter Menschen.

Atem-Technik

Gerade wenn es mal wieder drauf ankommt, zum Beispiel bei Preisverhandlungen mit Ihrem Lieferanten, können Sie binnen weniger Minuten mit der richtigen Atemtechnik Ihre Leistungsfähigkeit enorm steigern und wirken zudem noch entspannter.

Einige Zahlen vorweg: Wir verbrauchen im Ruhezustand pro Minute 8 Liter Luft = 12.000 Liter am Tag. Um dies zu erreichen, atmen wir bei circa 0,5 Liter je Atemzug 24.000 Mal am Tag. Die Vitalkapazität für körperliches Leistungsvermögen liegt jedoch bei 1,5 bis 2,0 Liter und die können Sie nur durch aktive Nutzung der Atemmöglichkeiten voll ausschöpfen.

Übung:

Setzen Sie sich aufrecht hin und atmen Sie tief in den Bauchraum ein. Pressen Sie die Luft in mindestens 30 Luftstößen wieder aus. Bei dieser Tiefenatmung schöpfen wir unser gesamtes Lun-

genvolumen aus, dies hält die Produktion der Botenstoffe aktiv und bringt sie im Störfall wieder ins Gleichgewicht. *Diese Übungen können Sie überall und jederzeit machen.*

Musik-Meditation
Lange, eintönige Anreisen im PKW oder in der Bahn können Sie nutzen, um negative Einstellungen gegenüber Aufgaben oder Menschen aufzubrechen oder sich ständig im Kreis drehende Gedanken in neue Bahnen zu lenken.

Das bewusste Hören oder noch besser, das eigene Singen, beziehungsweise leise Summen Ihrer Lieblingssongs schließt alle störenden Umweltreize aus. Mobilisiert werden dabei vor allem Dopamin, das Ihren emotionalen und motorischen Antrieb steuert und verstärkt, sowie Endorphine, Ihre körpereigenen Glückshormone. So gelangen Sie in einen kraftvollen Zustand.

Konzentrations-Training
Kompetenz lässt sich nicht allein durch hohe Intelligenz sondern ebenso durch hohe Aufmerksamkeit charakterisieren. An besonders arbeitsreichen Tagen beispielsweise helfen Ihnen Konzentrationsübungen, sich wieder auf die wesentlichen Dinge konzentrieren zu können.

Das Gehirn des Menschen besteht aus zwei Hälften mit unterschiedlichen Funktionen, sie sind durch ein dichtes Nervenfaserbündel miteinander verbunden. An besonders anstrengenden Tagen kann aus dieser Datenautobahn schon einmal ein Trampelpfad werden. Übungen, die beide Hemisphären gleichermaßen beanspruchen, helfen, diesen Konzentrationsmangel systematisch abzubauen.

Übung:
Setzen Sie sich bequem auf einen Stuhl. Legen Sie Ihre rechte Hand auf das linke Knie, heben Sie nun das rechte Knie an und berühren Sie dieses mit dem linken Ellbogen. Wechseln Sie nun die Körperseiten und wiederholen Sie diese Übung einige Male.

Akupressur-Technik
Bei Veranstaltungen, die über lange Zeit hinweg Ihre volle Aufmerksamkeit erfordern, zum Beispiel einem Verhandlungsmarathon oder zeitintensivem Vortrag, können Sie Ihre auditive Aufnahmefähigkeit durch sensible Massagetechniken im Kopfbereich enorm verbessern und Ihre Konzentration wiedergewinnen.

Übungen:
▪ *Massieren Sie gleichzeitig mit Daumen und Zeigefinger beide Ohren. Legen Sie dafür den Daumen auf die Rückseite, den Zeigefinger auf die Vorderseite der Ohren. Streichen beziehungsweise ziehen Sie zunächst die Haut sanft nach außen. Drücken Sie dann – beginnend bei den Gehörgängen und endend mit den Ohrläppchen – mit mittlerem Druck Ihre Ohren.*

▪ *Setzen Sie die Fingerkuppen auf den Kopf und führen Sie sie mit kreisenden Bewegungen vom vorderen Haaransatz zum Hinterkopf und vom Nacken zum Vorderkopf. Fassen Sie anschließend in die Haare und ziehen Sie nur so stark, wie es angenehm ist. Zum Abschluss über die Haare streichen und die Hände ausschütteln.*

Stress-Management

Stress ist die Summe aller Vorgänge und Reaktionen physischer wie psychischer Art, mit denen ein Lebewesen auf seine Umwelt und deren Anforderungen reagiert. Auf den Punkt gebracht: Stress gehört zum Leben. Spätestens aber wenn Stress Ihr körperliches Befinden beeinträchtigt oder Sie in Ihren Aktivitäten hindert, müssen Sie etwas dagegen tun.

Nehmen Sie die folgenden körperlichen Stress-Signale ernst: Konzentrationsschwierigkeiten, Schlaflosigkeit, Verspannungen, Haarausfall, mit den Zähnenknirschen, häufiger Schnupfen und Erkältungen, Hauterkrankungen, Herpes und Allergien, herzinfarktähnliche Symptome, Kribbeln in den Beinen, Frustration. Körpersprache und Emotionen stehen in engem Kontakt miteinander. Sind Sie entspannt, so erkennt das Ihr Umfeld an einer entspannten, offenen Körperhaltung. Stress dagegen macht sich durch Anspannung vor allem in Gestik und Mimik bemerkbar und sabotiert Ihre souveräne Selbst-Präsentation.

Übung:

Hier finden Sie einige Beispiele von kurzen ‚Aktiv-Pausen', die diskret in den Arbeits-alltag integriert werden können. Die Dauer der Einheit passen Sie individuell an Ihren Arbeitsablauf an.

- *Immer wieder Mal aufstehen, zum Beispiel während des Telefonierens.*
- *Ziehen Sie die gestreckten Arme auf Schulterhöhe weit nach hinten.*
- *Strecken Sie abwechselnd ein Bein nach vorn, ziehen Sie die Zehenspitzen an und lockern Sie sie nach einigen Sekunden wieder (Venenpumpe).*
- *Benutzen Sie die Treppen, nicht den Aufzug.*
- *Gehen Sie einen Umweg zum Besprechungszimmer und reduzieren Sie so etwaige Anspannung.*

Sie werden überrascht sein, wie gut diese simplen Anti-Stress-Übungen helfen.

Wasserhaushalt optimieren

Ähnlich wie durch die kleinen Anti-Stress-Übungen können Sie durch die Optimierung Ihres Wasserhaushalts Ihre Leistungsfähigkeit erhöhen. Besonders vor großen geistigen oder körperlichen Anstrengungen sollten Sie dringend Ihren Wasserhaushalt ins Gleichgewicht bringen. Unser Organismus reagiert auf Schwankungen im Wasserhaushalt äußerst sensibel. Ein Flüssigkeitsverlust von nur 2 Prozent des Körpergewichts lässt die körperliche und geistige Leistungsfähigkeit um 20 Prozent absinken.

Berechnungsbeispiel:

2 Prozent von 75 kg = 1,5 l

Im Arbeitsalltag verlieren wir täglich etwa 2,5 Liter Flüssigkeit über Haut, Urin und Atmung. Einen knappen Liter holen wir mit der Nahrung zurück, ein Apfel zum Beispiel besteht aus 80 Prozent Wasser. Den Rest, circa 2 Liter, müssen wir trinken. Doch nicht alle Getränke sind gleichermaßen geeignet. Nur wenn Sie beim Trinkpensum auf die richtigen Durstlöscher setzen, wirken Sie so etwaigen Tiefpunkten entgegen.

Trinkkultur im Alltag	
Aufstehen	**1 halbes Glas zimmerwarmes Wasser ohne Kohlensäure** circa 30 Minuten vor dem Frühstück regt die Verdauung an
Frühstück	**1 Tasse Schwarzer Tee**, 3 Minuten ziehen lassen, im Tee ist Koffein enthalten, das sogar länger wirkt als das im Kaffee **1 Glas Orangensaft**, Vitamin C-Lieferant
Vormittags-Pause	**1 Glas Buttermilch**, der hohe Lecitingehalt steigert die Konzentration und erhöht die Leistungsfähigkeit
zwischendurch	**1 Glas Mineralwasser oder Saftschorle** **1 Glas Tomatensaft**, circa 30 Minuten vor dem Essen ist der optimale Appetitzügler und Vitamin- und Mineralstofflieferant
Mittagspause	**1 Glas Mineralwasser oder Saftschorle**
Nachmittagspause	**1 Tasse Kaffee**, verkürzt das Leistungstief direkt nach dem Essen und steigert kurzfristig die Konzentrationsfähigkeit
zwischendurch	**1 Glas Mineralwasser oder Saftschorle**
Abendessen	**1 Glas Mineralwasser oder Saftschorle** oder **1 Glas Bier oder Wein** darf es zum Abendessen sein
Nachtruhe	**1 Tasse Grüner Tee**, verzögert den Alterungsprozess während der Schlafphase

5. Zum Auftakt: Repräsentation und Begrüßung

Alle Anlässe des modernen Geschäftslebens unterliegen den Regeln des Protokolls, und die Kenntnis beziehungsweise Unkenntnis dieser Verhaltensregeln hat schon manche Karriere entschieden.

Leider sind auf dem glatten Parkett der überzeugenden Selbst-Präsentation nicht Wenige ins Rutschen gekommen. Der Grund dafür war häufig der, dass die Person die protokollarischen Regeln nicht beherrschte, oder umgekehrt, dass sie sich von den Regeln beherrschen ließ.

Eine gute Orientierung für sämtliche Ansprüche an korrektes Auftreten finden wir in den „Repräsentationspflichten." Darunter versteht man sowohl die Rechte und Pflichten des Gastes als auch die des Gastgebers.

Sie gelten nicht allein während des Besuchs eines Restaurants, sondern in jeder geschäftlichen und gesellschaftlichen Situation. Besuchen Sie beispielsweise einen Geschäftspartner in seinen Räumen, so ist es unablässig, als Gast die guten Umgangsformen zu respektieren. Empfangen Sie einen Geschäftspartner als Repräsentant Ihres Unternehmens, so befinden Sie sich in der Rolle des Gastgebers, die Sie in gutem Stil ausfüllen sollten.

Entgegen der allgemeinen Auffassung, dass Höflichkeit mit der korrekten Begrüßung beginnt, behaupte ich, sie beginnt bereits mit der Zeitplanung im Vorfeld.

Pünktlichkeit ist für die meisten Menschen ein Begriff von hoher Wertigkeit. Sie geht in zeitfixierten Kulturen mit Verlässlichkeit und Höflichkeit Hand in Hand. Dies beginnt mit dem pünktlichen Eintreffen bei Besprechungen, geht weiter mit der pünktlichen Erledigung von Arbeiten und zielt auf das pünktliche Erreichen gesetzter Ziele.

Zeit ist Geld und Pünktlichkeit erfüllt, ebenso wie Unpünktlichkeit, eine Signalfunktion, mit der die Einordnung des Gastes und des Gastgebers erleichtert wird.

Der Umgang mit der Zeit

Es ist soweit, nur noch wenige Minuten trennen Sie vom ersten Kontakt mit Ihrem potenziellen Geschäftspartner. Jetzt kommt es darauf an, alle unnötigen Arbeiten zu ignorieren und Ihre Zeit allein dem neuen Bekannten zu widmen.

Wer annimmt, Verspätung signalisiere, dass man eine viel gefragte Geschäftsperson sei, ist auf dem Holzweg. Unpünktlichkeit geht einher mit dem Eindruck der Unzuverlässigkeit, fehlendem Respekt und mangelndem Verständnis des professionellen Time-Managements. Eine Verspätung wird nicht selten zum Verhängnis.

Pünktlichkeit im Geschäftsleben

In Gesellschaftsformen mit straff organisierten Tagesabläufen spielt Zeit eine große Rolle. Hier gilt:

- Jeder mündlich oder schriftlich bekannt gegebene Termin ist bindend, soweit ihm nicht widersprochen wird.
- Absehbare Verspätungen müssen rechtzeitig bekannt gegeben werden.
- Halten Sie dazu die Telefonnummer des Gesprächspartners parat. Schicken Sie keine SMS.
- Jedes unpünktliche Erscheinen bedarf einer Entschuldigung.

Als Gastgeber

Planen Sie ausreichend Zeit für eventuell lange Wege durch das Gebäude ein, wenn Sie Ihren Gast an der Pforte oder im Foyer abholen. Setzen Sie sich nicht selbst unter Zeitdruck durch zu knapp bemessene Zeit, sonst geht die Zeit des Weges von der eigentlichen Gesprächszeit ab. Kalkulieren Sie ein paar Minuten für den entspannten und freundlichen Smalltalk mit Ihrem Gast ein.

Pünktlichkeit ist eine Frage der persönlichen Wertschätzung, und doch kennt jeder einen oder mehrere Kollegen, Vorgesetzten oder Geschäftspartner, die es nicht schaffen, pünktlich zu einem Termin zu erscheinen. Das kann von mangelndem Engagement zeugen und ist oft sogar ein echtes Ärgernis.

Als Führungskraft

Als Führungskraft setzen Sie Ihre Glaubwürdigkeit und Ihre Vorbildfunktion aufs Spiel, wenn Sie Pünktlichkeit erwarten, selbst aber nicht pünktlich sind.

Als Vorsitzender

Haben Sie als Organisator, Redner oder Vorsitzender keine Scheu, zum festgesetzten Zeitpunkt zu beginnen. Das ist weder rücksichtslos noch taktlos, sondern zeugt von Respekt gegenüber den pünktlich erschienenen Anwesenden. Sie setzen so ein deutliches Signal, dass Sie das Verhalten der zu spät Kommenden nicht akzeptieren.

Unterbrechen Sie Ihre Ausführungen oder den geplanten Ablauf nicht, weder um einen Nachzügler zu rügen, noch um ihn ausführlich zu begrüßen. Grüßen Sie ihn höflich, aber kurz und gehen Sie möglichst unauffällig über die Störung hinweg.

Als Gast

Treffen Sie im Hause des Geschäftspartners so rechtzeitig ein, dass Sie bereits fünf Minuten vor dem offiziell angesetzten Gesprächs- oder Verhandlungsbeginn alle notwendigen Formalitäten wie Anmeldung und Erfrischen abgeschlossen haben. Verbleibt Ihnen noch Zeit, so können Sie diese gut nutzen, um sich gedanklich und fachlich auf das folgende Gespräch einzustimmen. Hierzu bieten sich die Übungen aus dem Kapitel „Checkup" an.

Rechnen Sie damit, dass es in großen Unternehmen ein paar Minuten dauern kann, dass Sie am Empfang registriert und angemeldet werden. Ihr Gesprächspartner wird erst dann auf die Uhr schauen, wenn der Anruf des Empfangspersonals bei ihm eingeht.

Treffen Sie wesentlich früher ein, dann bitten Sie den Pförtner, noch ein paar Minuten mit dem Anmelden bei Ihrem Gesprächspartner zu warten.

Entschuldigung bei Unpünktlichkeit

Entschuldigung ist nicht gleich Entschuldigung. Entscheidend ist die Art und Weise und wie man damit umgeht. Stehen Sie voll und ganz hinter Ihrer Entschuldigung. Sehen Sie Ihrem Gesprächspartner in die Augen und prüfen Sie so, ob er sie auch akzeptiert. Es geht in erster Linie darum, den Gastgeber und seine Veranstaltung zu respektieren, nicht darum, Ihr schlechtes Gewissen zu erleichtern. Sprechen Sie Ihr Versäumnis konkret an:

„Bitte entschuldigen Sie die Verspätung. Ich hoffe, Sie hatten dadurch keine Unannehmlichkeiten."

Jeder kommt einmal in die Situation, zu einem Termin nicht pünktlich erscheinen zu können. Seien es die Verkehrsverhältnisse bei der Anreise oder sei es, dass man einen vorherigen Arbeits-Prozess nicht abrupt abschließen konnte. Der einzig kompetente Weg damit umzugehen ist, die Verspätung baldmöglichst mitzuteilen, sie so gering wie möglich zu halten und sich für das verspätete Eintreffen zu entschuldigen.

> Howard Rubenstein, einer der erfolgreichsten PR-Berater der USA empfiehlt:
> *„Sich entschuldigen und ohne große Verzögerung Platz zu nehmen."*
> Dies macht Sinn, wenn man zu einem bereits laufenden Arbeitsprozess hinzu kommt, da alle anderen Verhaltensweisen lediglich eine Unterbrechung provozieren. Unerlässlich ist der freundliche Gruß in die Runde und die offizielle Entschuldigung beim Leiter des Arbeitskreises in der nächsten Pause.

Pünktlichkeit bei gesellschaftlichen Anlässen

Zu Veranstaltungen in gesellschaftlichem Rahmen, deren Beginn auf der Einladung angegeben ist, erscheint man auf die Minute genau. Das heißt, der Gast reist zwar mit zeitlichem Spielraum frühzeitig an, wartet dann aber die angegebene Uhrzeit geduldig ab.

Diese Anforderungen an Pünktlichkeit haben nichts mit übertriebener Ordnungsliebe zu tun, sondern geben dem Gastgeber die Chance, all seine Vorbereitungen zum Wohle des Gastes dem Gelingen der Veranstaltung abzuschließen.

Mit den nachfolgenden Bezeichnungen gibt der Gastgeber in akademischen Kreisen vor, was er unter Pünktlichkeit versteht:

- **s. t. = sine tempore** = um pünktliches Erscheinen wird gebeten
- **c. t. = cum tempore** = Zeitpunkt plus circa 15 Minuten Spielraum

Bei Sektfrühstück und Cocktailparty

Das Besondere an diesen Veranstaltungen ist, dass sie zu bestimmten Tageszeiten erwartet werden und deshalb meist keine genaue Uhrzeit angegeben wird. Lediglich Ausnahmen werden vorher bekannt gegeben. Die übliche Verweildauer liegt zwischen einer halben und einer Stunde.

Das Sektfrühstück ist eine zeitlich begrenzte Veranstaltung und findet zwischen 10.00 und 14.00 Uhr statt.

Wenn den Gästen einer Cocktailparty keine konkrete Zeit mitgeteilt wird, erscheint man zwischen 18.00 und 19.00 Uhr, spätestens um 20.00 Uhr ist die Party vorbei.

Entschuldigen bei gesellschaftlichen Anlässen

Wickeln Sie eine Entschuldigung bezüglich des zu spät Kommens niemals als reine Formsache ab. Dies verfehlt den gewünschten Effekt und schafft Distanz zwischen Gastgeber und verspätetem Gast.

- Lassen Sie es nicht auf sich beruhen.
- Sprechen Sie die betreffende Person ohne weitere Verzögerungen an.
- Geben Sie Ihr Versäumnis zu: *„Bitte entschuldigen Sie die Verspätung."*
- Versuchen Sie nicht, die Verspätung herunterzuspielen: *„Na ja, die 10 Minuten sind ja wohl nicht so schlimm, oder?"*
- Versuchen Sie nicht, der Verantwortung zu entkommen: *„Du musst verstehen, ich hab' momentan so viel zu erledigen."*
- Beschuldigen Sie niemals Dritte: *„Du weißt ja, die wurden mal wieder mit ihrem Kram nicht fertig."*

Annehmen einer Entschuldigung

Das Annehmen einer Bitte um Entschuldigung wird üblicherweise durch Worte und Gesten mitgeteilt. Wenn sich Ihr Gast für sein Zuspätkommen bei Ihnen entschuldigt, reagieren Sie mit einem Lächeln und einem freundlichen Handreichen, damit gilt die Angelegenheit als erledigt.

Pünktlichkeit im Privatleben

Bei Verabredungen im Café oder Restaurant wird der höfliche Herr stets ein paar Minuten vor der vereinbarten Uhrzeit vor Ort sein, um die Dame empfangen zu können.

Zur Party im Bekanntenkreis

Wird bei der Einladung keine konkrete Zeit angegeben, sondern „gegen" 19.00 Uhr als Zeit genannt, so sind 10 bis 15 Minuten nach 19.00 Uhr durchaus akzeptabel. Dies verringert einerseits die Gefahr, die Gastgeber womöglich in ihren letzten Vorbereitungen zu stören, andererseits ermöglicht ein Peu-à-Peu-Eintreffen der Gäste dem Gastgeber, jeden Gast persönlich begrüßen zu können.

Empfang von Gästen

Der Umgang mit Gästen und Geschäftspartnern im eigenen Unternehmen braucht Fingerspitzengefühl. Grundvoraussetzung ist ehrliches Interesse an den Gästen und der Wunsch, den Erwartungen der Gäste gerecht zu werden. Und noch bevor Sie die Damen und Herren verbal empfangen, das heißt mit freundlichem Gruß, nehmen Sie nonverbal Kontakt auf.

Im Geschäftsleben

- **Empfang im Foyer**

In größeren Gebäuden holen Sie Ihren Gast, wann immer möglich, persönlich im Foyer ab und nutzen den Weg zurück ins Besprechungszimmer für einen sympathischen Gesprächseinstieg.

Übung 1:

1. Sie sind zu einem eleganten Abendessen eingeladen. Wann sollten Sie nach Hause gehen?

a. Ich gehe spätestens eine Stunde nach dem Kaffee oder Digestif.
b. Wenn der Gastgeber das Ende des Abendessens ankündigt, gehe ich.
c. Das bleibt als Gast mir selbst überlassen.

2. Sie kommen etwas zu spät zu einem Meeting. Wie verhalten Sie sich?

a. Ich begrüße alle Anwesenden und entschuldige mich bei jedem höflich.
b. Verspätungen bis 15 Minuten werden wortlos toleriert.
c. Ich grüße mit einem Kopfnicken in die Runde und entschuldige mich in der Pause.

3. Sie sind zu einem Firmenjubiläum eingeladen. Auf der Einladung steht als Zeitangabe „16.00 Uhr c.t." Was sagt Ihnen das?

a. Das Programm beginnt um 16.15 Uhr.
b. Ich sollte um 16.15 Uhr eintreffen.
c. Ich sollte um 16.00 Uhr eintreffen.

Gehen Sie dem Gast, selbst unter Zeitdruck, mit gemäßigtem Schritt entgegen. Geben Sie ihm die Chance, sich zu erheben und ein Stück auf Sie zuzugehen. Das Aufeinanderzugehen vermittelt unterschwellig die Bereitschaft der Annäherung. Dieses Bewusstsein überträgt sich auf spätere geschäftliche Situationen: Die Geschäftspartner kommen, auch in schwierigen Situationen, einander entgegen.

Wenn Sie einen, Ihnen noch fremden Geschäftspartner im Foyer abholen wollen und es sitzen mehrere Personen im Wartebereich, so klären Sie rechtzeitig am Empfang, wer Ihr Gast ist. So ersparen Sie sich den unsicher wirkenden Auftritt, Ihren Gast in der Gruppe der Wartenden finden zu müssen.

Empfang im Büro

Ziehen Sie Ihr Jackett möglichst bevor der Gast eintritt an und tragen Sie es während des Begrüßungsrituals geschlossen. Dies ist ein Zeichen des Respekts gegenüber dem Gesprächspartner, ein Zeichen persönlichen Stils und ein Spiegel der Wertschätzung gegenüber der eigenen Funktion.

Demonstrieren Sie andererseits Ihre Offenheit und den Wunsch nach gleichberechtigter Kommunikation, indem Sie von Ihrem Stuhl aufstehen und dem Gast auf halbem Weg entgegen gehen. Auch hier vermittelt das aufeinander Zugehen die Bereitschaft zur Annäherung.

Bieten Sie dem Gast an, seinen Mantel in die Garderobe zu hängen. Der höfliche Gastgeber ist dem Gast auf Wunsch beim Ausziehen des Mantels behilflich. „Möchten Sie den Mantel ablegen?"

Die Geschlechterrolle spielt im modernen Geschäftsleben keine Rolle, entscheidend ist, dass der Gast merkt, dass sein Eigentum mit der gebührenden Sorgfalt aufbewahrt wird.

Vorsicht: Blockaden
Unter Blockaden versteht man Abgrenzungen, die sich negativ auf die Kontaktaufnahme und auf die folgende „Gesprächs-Beziehung" auswirken, dazu gehören hüfthohe Raumteiler, Wege-Leitsysteme, Stehpulte und Schreibtische.

Fallbeispiel 6
Sie kommen als Gastgeber ins Foyer, um einen Besucher abzuholen. Dieser befindet sich noch im Wartebereich außerhalb der Glasabsperrung. Lassen Sie sich nicht hinreißen, dem Gast über die Absperrung hinweg die Hand zu reichen.

Grüßen Sie ihn vielmehr mit einer Handbewegung und einem freundlichen Kopfnicken und holen Sie ihn auf Ihre Seite. Erst dann begrüßen Sie ihn formell. So viel Zeit muss sein.

Fallbeispiel 7
Der angemeldete Gesprächspartner betritt Ihr Büro. Demonstrieren Sie Offenheit und den Wunsch nach gleichberechtigter Kommunikation, indem Sie von Ihrem Stuhl aufstehen, um den Schreibtisch herum und auf den Gast zugehen.

Ein Schreitisch ist zwar fester Bestandteil eines jeden Büros, die Begrüßung über den Schreibtisch hinweg gehört jedoch zu den absoluten Unsitten.

Oft bemerkt man nicht, wie man sich durch solches „Verbarrikadieren" in der zwischenmenschlichen Verständigung selbst behindert. Man signalisiert damit unbewusst Distanz, Defensive, Verschlossenheit oder Bequemlichkeit.

Bei gesellschaftlichen Anlässen
Damit Gäste sich vom ersten Augenblick an willkommen fühlen, geht der souveräne Gastgeber seinen Gästen entgegen. Je weiter er entgegen geht, umso mehr Wertschätzung zeigt er den Gästen. Es ist durchaus ein Unterschied, ob Gäste an der Wohnungstür, Haustür oder am Gartentor abgeholt werden.

Soll keiner der Gäste bevorzugt werden oder ist es aus organisatorischen Gründen unmöglich, jedes Mal zum Gartentor zu laufen, holen Sie unbedingt alle Gäste an der gleichen Stelle ab.

Um Kommunikation im positiven Sinne zustande kommen zu lassen, sollten einige Kriterien erfüllt sein. So schließt beispielsweise der Austausch von Informationen den gegenseitigen Blickkontakt und das offene Lächeln mit ein.

Blickkontakt
Die Augen sind das Fenster zur Seele und der Blickkontakt gilt als die subtilste Art der Kommunikation. Wie kein anderes Körperteil können die Augen sprechen. Die Aufnahme des Blickkontaktes signalisiert Interesse und den Blickkontakt Halten bedeutet Aufmerksamkeit.

Dabei ist es nicht notwendig, dass sich zwei Menschen während eines Gesprächs permanent in die Augen schauen, aber je wichtiger eine Aussage für den Sender ist, desto konstanter sollte der Blickkontakt sein. Es ist schwer, einem Menschen, der einen anschaut, nicht zuzuhören.

Signalwirkung Wegschauen:
Oft erscheint es kompliziert, die richtige Dauer des Blickkontaktes zu finden. Zu wenig Kontakt beziehungsweise nicht erwiderter oder nicht ausreichender Blickkontakt transportiert Desinteresse, Missachtung, Unsicherheit, Verlegenheit als Botschaft.

Signalwirkung Starren:
Andererseits verbietet die Höflichkeit das Taxieren unserer Mitmenschen. Auch schaut man einander nicht bewusst in ein Auge oder zwischen die Augen. Gerade im Erstkontakt kann ein starrer Blick als Dominanz, Bedrohung, Herausforderung oder gar Respektlosigkeit interpretiert werden.

> **Handlungsempfehlung**
>
> Wenden Sie sich Ihrem Gesprächspartner zu und schauen Sie ihm ins Gesicht. Dies ist wörtlich zu nehmen, der Blick wandert in feinen Abweichungen übers gesamte Gesicht.

Lassen Sie sich nicht durch eine eventuelle Geräuschkulisse in Gebäuden oder sonstige Nebensächlichkeiten von Ihrem Gegenüber ablenken.

Lächeln

> *„Das Lächeln, das du aussendest, kehrt zu dir zurück."*
>
> Indisches Sprichwort

Begegnen Sie Ihrem Geschäftspartner mit einem freundlichen Lächeln. Aber bedenken Sie: Nur ein ehrliches Lächeln wirkt sympathisch, das künstliche „Haifisch-Grinsen" oder das aufgesetzte „Zahnpasta-Werbelächeln" wirkt maskenhaft und wird schnell als unecht entlarvt. Ein ehrliches Lächeln entsteht aus dem Zusammenspiel der Augen- und Mundmuskulatur, die ein paralleles Nervensystem haben.

Angesichts des positiven Reizes reagiert erst die Augenmuskulatur, dann nimmt der Mund den Freudeausdruck ein. Selbst Menschen, die sich noch nicht bewusst mit Körpersprache auseinandergesetzt haben, erkennen ein ehrliches Lächeln, denn die Augen lächeln mit.

Wegen seines positiven Signalwertes gehört das Lächeln zum Begrüßungsritual. Die Botschaft, die mit einem natürlichen Lächeln transportiert wird, ist: *„Ich freue mich auf Sie."*

Wenn es auch verständlich erscheint, dass wir Menschen, die lächeln, sympathischer finden, so ist der Grund dafür gar nicht so offensichtlich. Der Bestsellerautor Daniel Goleman spricht in seinem Buch „Emotionale Intelligenz" davon, dass wir in der Regel unbewusst die Gesten des Gesprächspartners nachahmen. Diese Imitation der Gestik lässt uns auch die Stimmung des anderen annehmen.

So können Sie durch Ihr eigenes Lächeln andere mit Ihrer positiven Einstellung anstecken. Und es liegt nahe, dass sich Ihr Gegenüber dann auch in der Tat besser fühlt. Sie werden dadurch zum „Gute-Laune-Überbringer", was Sie per se schon sehr sympathisch macht.

Formen des Grüßens

Sie sind im Foyer angekommen, haben mit einem freundlichen Lächeln Kontakt mit dem Ihnen bereits bekannten Gast aufgenommen und sind nun bereit, ihn freundlich und korrekt zu begrüßen.

Der formelle Tagesgruß

- *„Guten Morgen"*
- *„Guten Tag"*
- *„Guten Abend"*

Es empfiehlt sich, einen Gruß mit den gleichen Worten zu erwidern. Es könnte als belehrend aufgefasst werden, wenn auf ein süddeutsches *„Grüß Gott"* mit *„Guten Tag"* geantwortet wird oder auf ein *„Hallo"* ein *„Guten Morgen"* gewünscht wird.

Übung 2:

4. Sie holen den Ihnen persönlich noch nicht bekannten Gast im Foyer ab. Im Wartebereich sitzen mehrere Personen. Was tun Sie?

a. Ich gehe direkt auf die Gruppe zu und frage nach der Person, mit der ich verabredet bin.

b. Ich gehe an den Empfang und erfrage dort die Person.

c. Ich gehe auf die Gruppe Wartender zu und grüße in die Runde, derjenige wird sich dann zu erkennen geben.

5. Sie empfangen einen Geschäftspartner in Ihrem Büro. Welche Aussage ist korrekt?

a. Als Gastgeber gehe ich dem Gast entgegen.

b. Als bereits Anwesender darf ich sitzen bleiben.

c. Ich gehe an die Seite des Schreibtisches und lasse den Gast entgegen kommen.

6. Zum Ritual des freundlichen Empfangens gehören folgende Handlungen stets …

a. … der Handschlag, ausgehend vom Gastgeber.

b. … der Blickkontakt, der während der Begrüßung gehalten wird.

c. … der Wangenkuss, der im Geschäftsleben nur angedeutet ist.

Der saloppe Gruß

Das vielerorts übliche „*Mahlzeit*" ist die Kurzform für „*Ich wünsche eine gesegnete Mahlzeit*" und eignet sich als Gruß unter Kollegen oder guten Bekannten. Da sich der Gruß „*Mahlzeit*" auf die Handlung des „*zu Tisch Gehens*" bezieht, sollte er auch nur dann angewendet werden. Auf keinen Fall zu irgendeiner anderen Tageszeit oder im Beisein von Geschäftspartnern. Die korrekte Erwiderung auf diesen Gruß wäre „*Danke, dir/Ihnen auch*".

Die Wörtchen „*Hallo*", „*Servus*", „*Ciao*" sind als formeller Tagesgruß für Geschäftspartner ungeeignet, es sei denn, beide Parteien kennen sich gut genug, um zu wissen, dass der legere Gruß nicht respektlos gemeint ist.

Grüßen und Begrüßen im Geschäftsleben

Die guten Umgangsformen eines Menschen und die Wertschätzung gegenüber seinen Mitmenschen erkennt man bereits am Gruß. Aber begrüßt man sich verbal, mit Handschlag oder reicht ein Zunicken? Gibt es heute überhaupt noch feste Regeln, beziehungsweise eine Rangordnung des Grüßens?

Noch in der Mitte des letzten Jahrhunderts waren Unverheiratete den Verheirateten im gesellschaftlichen Leben untergeordnet, das heißt, die unverheiratete Frau grüßte die verheiratete Frau zuerst. Das veränderte Rollenbild der Frau und die moderne Einstellung zum Singledasein haben zwar für eine Lockerung der Verhaltensnormen im gesellschaftlichen Leben gesorgt, doch im offiziellen Protokoll, beim Militär und im Geschäftsleben finden wir nach wie vor Hierarchien mit Rangunterschieden.

Wer grüßt wen?
- Der Mitarbeiter grüßt den Vorgesetzten.
- Der Dienstjüngere grüßt den Dienstälteren.
- Der Gastgeber begrüßt den Gast.
- Der Eintretende grüßt die bereits im Raum anwesenden Personen.

Trotz der oben genannten Rangordnung des Grüßens zeigt der im Rang Höhere guten Stil, wenn er die im Rang niedrigere Person grüßt, wenn er sie zuerst wahrnimmt.

Fallbeispiel 8
Der Geschäftsführer trifft sich mit einem Angestellten zu einer Besprechung. In diesem Fall grüßt der Angestellte den Geschäftsführer zuerst.

Fallbeispiel 9
Die selben Personen treffen sich unterwegs. Hier wirkt der Geschäftsführer sehr souverän, wenn er, falls er den Angestellten zuerst wahrgenommen hat, ihn auch zuerst grüßt. Auf dem Weg gibt es keine Hierarchie des Grüßens.

Fallbeispiel 10: Überschneidungen
Die Verhaltensregel „Der Mitarbeiter grüßt den Vorgesetzten" wird dann außer Kraft gesetzt, wenn beispielsweise der Vorgesetzte derjenige ist, der einen Raum betritt, in dem sich bereits Personen befinden. Dann nämlich grüßt der eintretende Vorgesetzte seine anwesenden Mitarbeiter.

Frage nach der Befindlichkeit

„Wie geht es Ihnen?" Die Frage klingt vertraut und wird von vielen als höfliche Standardfloskel gebraucht. Die Standardantwort heißt in den meisten Fällen: *„gut"*.

Aber ist die Antwort auch ausreichend? Will das Gegenüber nicht vielmehr alle Details Ihrer persönlichen oder gar intimen Befindlichkeit erfahren? Als wohlerzogener Mensch ist man vielleicht versucht, die Frage ehrlich zu beantworten oder manch einer denkt im Gegenteil auch irritiert: *„Was geht denn den mein Befinden an?"*

Höfliche Erwiderung

Zugegeben, einfach ist das nicht. Werfen Sie trotzdem alle Bedenken über Bord. Die Frage erwartet keine ehrliche und detaillierte Auskunft. Es ist lediglich eine Höflichkeits-Floskel und sollte auch als solche genutzt werden. Zeigen Sie sich als souveräner Geschäftspartner, mit allen Wassern der Etikette gewaschen. Und letztendlich liegt es ja auch an Ihnen, es nicht wie eine Floskel klingen zu lassen.

Fallbeispiel 11
„Guten Tag, Herr Winter. Wie geht es ihnen?"
„Danke, gut, und Ihnen?"

Fallbeispiel 12
„Hallo, Herr Winter, wir haben uns ja schon eine Ewigkeit nicht mehr gesehen. Wie geht es Ihnen?"
„Danke der Nachfrage, es geht mir gut, und Ihnen?"

Tabus:

Absolut unmöglich sind folgende Erwiderungen:
- *„Na ja, muss ja."*
- *„Kann nicht laut genug klagen."*
- *„Heute morgen ging's noch."*

Es kann einem auch schon mal der Kragen platzen, wenn man das x-te Mal gefragt wird: *„Wie geht es Ihnen?"* und der Fragende das obligatorische *„Danke, gut."* nicht einmal abwartet, sondern monoton mit *"Prima, das freut mich"* antwortet. In diesem Fall sind Gelassenheit und ein Lächeln angebracht.

Grüßen und Begrüßen bei gesellschaftlichen Anlässen

Gepflegte Gastlichkeit hat heute wieder Hochkonjunktur. Längst hat man festgestellt, dass sie keineswegs eine leere Geste ist, sondern Kultiviertheit und Gastlichkeit vermittelt.

Wer grüßt wen?

Bei gesellschaftlichem Anlass spielen im Begrüßungsritual Alter und Geschlecht die entscheidenden Rollen:

- Der Gastgeber heißt seine Gäste willkommen:
„Guten Abend, Herr Winter, herzlich willkommen. Schön, dass Sie kommen konnten."
- Der Gast grüßt zuerst die Gastgeberin:
„Guten Abend, Frau Sommer, herzlichen Dank für die freundliche Einladung."
- Der Herr grüßt die Dame, es sei denn, sie ist wesentlich jünger, denn die jüngere Dame grüßt den wesentlich älteren Herren zuerst

- Der jüngere Herr grüßt den älteren Herrn
- Die jüngere Dame grüßt die ältere Dame

Grüßen und Begrüßen im Freundeskreis

Im Kreise gleichaltriger, einander bekannter Personen wirkt jegliche Rangordnung befremdlich. Ein freundlicher Gruß in die Runde ist durchaus akzeptabel: *„Hallo zusammen."*

Fallbeispiel 13
Sie sind mit guten Bekannten verabredet und kommen als letzter zur Runde, in der auch für Sie unbekannte Personen sitzen. Grüßen Sie zuerst Ihre Bekannten, dann grüßen Sie in die Runde. „Hallo Viktoria, wie geht es Dir? Hallo zusammen."

Bitten Sie anschließend Ihre Bekannten, Sie mit den anderen Personen am Tisch bekannt zu machen.

Grüßen in öffentlichen Gebäuden und Verkehrsmitteln

Die klimatische Verbesserung, die ein schlichtes *„Guten Tag"* oder *„Hallo"* mit sich bringt, wenn Sie einen geschlossenen Raum betreten, ist enorm.

Fallbeispiel 14
Sie betreten ein Geschäft. Wenn Sie nun der Meinung sind, der Verkäufer hätte die Pflicht, Sie zu grüßen, so erliegen Sie einem Irrtum. Natürlich wird der clevere Verkäufer Sie als Kunden im Laden begrüßen, die Grußpflicht hat jedoch der Eintretende, das heißt der Kunde.

> **Handlungsempfehlung**
> Derjenige, der einen geschlossenen Raum betritt, grüßt die darin befindlichen Personen je nach Situation zumindest mit einem leichten Kopfnicken, ganz gleich um wen es sich handelt.

Unter *„geschlossenen Räumen"* versteht man beispielsweise Amtsgebäude, Ladengeschäfte, Praxen, den Lift im Hotel und auch alle öffentlichen Verkehrsmittel. Der höfliche Mensch grüßt die Flug- und Zugbegleiter und seinen dortigen Sitznachbarn. In Kino und Theater grüßt der Hinzukommende die bereits Anwesenden, ebenso wie in Ämtern, Praxen oder dem Lift im Hotel.

Grüßen im Vorbeigehen

Beim Gruß auf dem Weg, ganz gleich ob auf dem Betriebsgelände oder auf dem Gehweg in der Stadt, sind Rangordnungen von sekundärer Wichtigkeit. Es sollte immer der zuerst grüßen, der den anderen zuerst wahrgenommen hat. Hier muss nicht jedes Mal ein komplettes Begrüßungsritual vollzogen werden. Es reicht, Blickkontakt aufzunehmen, freundlich zu lächeln und kurz mit dem Kopf zu nicken.

Als Mitarbeiter Ihres Unternehmens grüßen Sie jede Person, bekannt oder unbekannt, die Ihnen auf dem Betriebsgelände begegnet. Werden Sie einmal von einer Person gegrüßt, deren Gesicht Ihnen nicht bekannt vorkommt, grüßen Sie trotzdem zurück. Höfliche Menschen werden als sympathisch empfunden, schon deshalb sollten Sie besser zweimal mehr grüßen als einmal zuwenig. Wie peinlich wäre es, wenn sich im Nachhinein herausstellt, dass Sie lediglich Ihr Gedächtnis im Stich gelassen hat.

Signalwirkung des Grüßens:

„Ich habe Dich wahrgenommen."

Als grober Fehler gilt, einen Gruß nicht zu erwidern. Dies käme einer Kränkung gleich, die keine sympathischere Interpretation zulässt als: Arroganz, Nachlässigkeit, mangelnde Erziehung, schlechte Manieren.

Signalwirkung des Nicht-Grüßens:

„Du bist Luft für mich."

Ausnahme:
Im Großstadtgewühl oder in Menschenmengen ist die freundliche Geste, jeden zu grüßen, unrealistisch.

Formen des Vorstellens

Die Rituale des Vorstellens einerseits und des Bekanntmachens andererseits schaffen eine Atmosphäre der Vertrautheit und sollen Personen, die sich zum ersten Mal begegnen, freundlich aufeinander einstimmen.

Gibt es einen Unterschied zwischen Vorstellen und Bekanntmachen? Generell kann man sagen: Das Vorstellen ist die förmlichere Variante, so wird beispielsweise der Redner dem Publikum vorgestellt und der Ehrengast den übrigen Festgästen. Im Privatleben machen wir uns miteinander bekannt oder werden einander bekannt gemacht.

Übung 3:

7. Eine größere Gruppe von Personen steht beisammen. Sie kommen hinzu. In der Gruppe sind Männer und Frauen, aber auch Gastgeberin und Gastgeber. In welcher Reihenfolge grüßen Sie?

a. Ich grüße Gastgeberin und Gastgeber, danach alle übrigen Personen beginnend an meiner linken Seite.

b. Ich grüße die Gastgeberin, danach die weiblichen Gäste nach Alter und anschließend den Gastgeber und die männlichen Gäste nach Alter.

c. Ich grüße Gastgeberin und Gastgeber, danach die weiblichen, dann die männlichen Gäste.

8. Sie kommen als Kunde in eine Parfümerie, die Verkäuferin nimmt Sie wahr. Wer grüßt wen zuerst?

a. Die Verkäuferin grüßt natürlich mich als den Kunden zuerst.

b. Ich grüße die Verkäuferin zuerst.

c. Derjenige, der den anderen zuerst sieht, grüßt zuerst.

9. Wie reagieren Sie auf die Floskel „Wie geht's"?

a. *„Danke der Nachfrage, leider geht es mir gar nicht gut."*

b. *„Danke, aber es ging schon einmal besser."*

c. *„Danke, gut, und Ihnen?"*

Den meisten Menschen ist der kleine Unterschied zwischen dem Sich-Vorstellen und dem einander Bekanntmachen nicht bewusst und es ist auch nicht nötig, daraus eine Gewissensfrage zu machen. Beide Versionen sind gebräuchlich und werden Ihnen im folgenden Kapitel näher erläutert.

Vorstellen im Geschäftsleben

Sie sind im Foyer angekommen, um einen, Ihnen noch fremden Geschäftspartner, abzuholen. Sie sehen mehrere Besucher im Wartebereich. Gehen Sie in diesem Fall zuerst an den Empfang und klären Sie ab, welcher der Besucher Ihr Gast ist. Gehen Sie dann zu den Wartenden, grüßen Sie in die Runde und wenden Sie sich jetzt konkret Ihrem Ansprechpartner zu.

Sich selbst vorstellen

Auch wenn das Vorgestellt-Werden durch eine dritte Person immer Vorrang gegenüber dem sich Selbst Vorstellen haben sollte, lässt sich diese Empfehlung im Geschäftsalltag nicht immer realisieren. Fehlt also eine dritte Person, so können Sie sich heute auch ohne weiteres selber vorstellen.

Wer stellt sich wem vor?

- Der Mitarbeiter stellt sich dem Vorgesetzten vor.
- Der Dienstjüngere stellt sich dem Dienstälteren vor.
- Die hinzukommende Person stellt sich den anwesenden Personen vor.
- Die Einzelperson stellt sich der Gruppe vor.
- Der Gast stellt sich dem Gastgeber vor.

Der im Rang Höhere hat das Recht auf Informationsvorsprung. Ranghöher sind: Vorgesetzte, Dienstältere, Gruppen.

Leiten Sie das Vorstellen mit ein paar Worten ein, so geben Sie Ihrem Gegenüber mehr Zeit, sich auf Ihren Namen konzentrieren zu können. Nennen Sie deutlich Ihren Vor- und Zunamen, das beugt Missverständnissen vor und wirkt persönlicher. Geben Sie zusätzlich zu Ihrem Namen noch einige, für das Gespräch relevante Informationen bekannt, zum Beispiel Ihre Position beziehungsweise Funktion im Unternehmen.

Fallbeispiel 15

Der neue Mitarbeiter Fabian Winter kommt am ersten Arbeitstag ins Büro und stellt sich seinen Kollegen vor: „Guten Tag, ich heiße Fabian Winter. Ich bin neu im Team und werde für den Bereich Marketing verantwortlich sein."

Fallbeispiel 16

Die Außendienstmitarbeiterin Viktoria Sommer trifft das erste Mal ihren neuen Kunden persönlich. „Mein Name ist" klingt förmlich und ist daher bei formellen Anlässen eine gute Wortwahl: „Guten Tag, mein Name ist Viktoria Sommer, ich bin Kundenberaterin der Firma SolVentureCom. Wir haben bereits miteinander telefoniert."

Fallbeispiel 17

„Ich bin" ist die stärkste Form der Identifikation mit dem eigenen Name, birgt jedoch die Gefahr des Missverstanden-Werdens: „Guten Tag, ich bin Fischer." Nennen Sie in Verbindung mit dieser Einleitung unbedingt auch den Vornamen.

Tabus:

- „Ich bin Frau Sommer." Dies stammt aus der Zeit, als Frau und Fräulein noch unterschieden wurde und wirkt heute, da Fräulein aus dem deutschen Wortschatz gestrichen ist, nicht zeitgemäß.

- *„Ich bin der Fabian Winter."* Wenn Sie nicht wirklich der einzige Fabian Winter sind, wirkt diese Betonung leicht übertrieben.
- *„Mein Name ist Winter, Fabian Winter."* erzeugt womöglich bei allen James Bond Fans Assoziationen hinsichtlich der Lizenz zum Töten.
- *„Ich heiße Müller, Müller wie Meier."* Schwächen Sie Ihren persönlichen Auftritt nicht durch Verallgemeinerungen.

Höfliche Erwiderung

Heute können Sie auf Formeln wie „Angenehm" oder „Hoch erfreut" verzichten. Im Geschäftsleben bietet es sich an, den Namen des neuen Bekannten in Verbindung mit dem Gruß zu wiederholen. Das hilft beim Abspeichern des Namens und schafft eine persönlichere Atmosphäre.

Fallbeispiel 18
„Guten Tag, mein Name ist Fabian Winter. Ich arbeite für die Firma SolVentureCom."
„Guten Abend, Herr Winter. Schön Sie kennen zu lernen."

Einzelperson einander vorstellen

Im geschäftlichen Umfeld entscheidet grundsätzlich die Hierarchie darüber, wen Sie mit wem bekannt machen und in welcher Reihenfolge Sie das tun.

> **Wer wird wem zuerst vorgestellt?**
> - Der Mitarbeiter wird dem Vorgesetzten vorgestellt.
> - Der Dienstjüngere wird dem Dienstälteren vorgestellt.
> - Die Einzelperson wird der Gruppe vorgestellt.

Fallbeispiel 19
Sie unterhalten sich mit der neuen Kollegin Viktoria Sommer. Ihr Vorgesetzter Fabian Winter, der die neue Mitarbeiterin noch nicht kennt, kommt auf Sie zu. Kündigen Sie zuerst der neuen Kollegin die Unterbrechung an, grüßen Sie dann Ihren Vorgesetzten und stellen ihm den neuen Kollegen vor.

- *„Guten Tag, Herr Winter, darf ich Ihnen Frau Viktoria Sommer vorstellen?"* oder
- *„Guten Tag, Herr Winter, ich möchte Ihnen gern Frau Viktoria Sommer vorstellen."*

Stellen Sie immer einen Bezug her:
„Frau Sommer ist seit Anfang des Monats im Marketing unserer Firma tätig."

Tabu:
Sie begrüßen den im Rang höheren Vorgesetzten, schenken ihm Ihre ganze Aufmerksamkeit und vernachlässigen währenddessen die neue Kollegin.

Einzelpersonen einer Gruppe vorstellen

Wollen Sie mehrere Personen miteinander bekannt machen, so richten Sie sich bei überschaubaren Gruppen nach dem Rang. Bei größeren Gruppen vernachlässigen Sie die Hierarchie und beginnen mit der Person an Ihrer linken Seite und fahren im Uhrzeigersinn fort.

Fallbeispiel 20
Sie unterhalten sich in Ihren eigenen Räumen mit dem externen Geschäftspartner Thorsten Herbst. Einige interne Kollegen kommen hinzu. In diesem Fall werden die internen Mitarbeiter dem Geschäftspartner zuerst vorgestellt. Dies hilft dem Gast, der sich auf fremden Terrain befindet, sich leichter zu orientieren und evtl. Anspannung abzubauen. „Herr Winter, ich möchte Ihnen gern meine Kollegen vorstellen."

Mehrere Personen einander vorstellen

Fallbeispiel 21
Sie eröffnen eine firmeninterne Projektgruppe und möchten zu Beginn alle beteiligten Kollegen aus den verschiedenen Filialen miteinander bekannt machen. „Liebe Kollegen, ich möchte Sie gern miteinander bekannt machen."

> **Handlungsempfehlung**
>
> Sprechen Sie deutlich, so dass man die Namen und Titel gut verstehen kann. Auch das ist ein Akt der Höflichkeit, der allen Beteiligten den Gesprächseinstieg erleichtert und erneutes Nachfragen erspart. Bei mehreren gleichrangigen internen Kollegen nennen Sie, der Einfachheit halber, den Namen des Kollegen an Ihrer linken Seite zuerst und fahren im Uhrzeigersinn mit dem Vorstellen fort.

Ehrengäste den übrigen Gästen vorstellen

Ehrengäste sind die wichtigsten Gäste. Für Sie werden Feste ausgerichtet, beziehungsweise sie sind der Höhepunkt der Veranstaltung, zum Beispiel Festredner.

Fallbeispiel 22
Der Festredner wird dem Publikum vorgestellt. „Sehr geehrte Damen und Herren, es ist mir eine Ehre, Ihnen Frau Dr. Viktoria Sommer vorzustellen. Frau Dr. Sommer ist Vorsitzende des Wirtschaftsforums und wird uns heute Abend ..."

Vorstellen bei gesellschaftlichen Anlässen

Das vorrangige Ziel beim Vorstellen ist, es allen Gästen zu ermöglichen, miteinander ins Gespräch zu kommen. Die Initiative übernimmt sinnvollerweise derjenige, der die anderen Personen kennt, nämlich der Gastgeber.

Sich selbst vorstellen

Ist es dem Gastgeber zeitlich nicht möglich, etwa bei großen Festlichkeiten, sich diesem Ritual allen Gästen gegenüber gleichermaßen zu widmen, so sollte er diese Aufgabe delegieren. Man sucht sich eine geeignete Vertretung, die diese Aufgabe stilvoll übernehmen kann, macht diesen freiwilligen Stellvertreter mit jedem Neuankömmling bekannt und überlässt das weitere Bekanntmachen ihm.

> **Gesellschaftliche Anlässe: Wer stellt sich wem vor?**
>
> - Der Herr stellt sich der Dame vor, es sei denn, sie ist wesentlich jünger.
> - Der jüngere Herr stellt sich dem älteren Herrn vor.
> - Die jüngere Dame stellt sich der älteren Dame vor.
> - Die jüngere Dame stellt sich dem wesentlich älteren Herren vor.

Der Herr sollte eine ihm unbekannte Frau nicht ansprechen, wenn die Möglichkeit besteht, ihr vorgestellt zu werden. Übernimmt kein anderer die Pflicht des Bekanntmachens, ist man darauf angewiesen, sich selbst vorzustellen.

Verlassen Sie auch als Dame die Anonymität und gehen Sie auf andere zu. Während dies früher für Damen absolut unmöglich war, wäre es heute, im Zeitalter des Networkens, schade, einen vielversprechenden neuen Kontakt aufgrund antiquierter Verhaltensnormen nicht zu knüpfen.

> **Handlungsempfehlung**
>
> Geben Sie Ihrem Gegenüber die Chance, sich Ihren Namen einzuprägen. Sprechen Sie ihn deutlich und nicht zu schnell aus. Nennen Sie stets Ihren Vor- und Zunamen und sagen Sie noch ein paar Worte zu Ihrer Person oder dem Grund für die Kontaktaufnahme.

„Guten Tag, wir kennen uns noch nicht. Mein Name ist Viktoria Sommer, ich bin die Geschäftspartnerin von Fabian Winter (Gastgeber)."

Einzelperson stellt sich einer Gruppe vor

Nähern Sie sich der Gruppe und grüßen Sie in die Runde. Eine Gruppe höflicher Mitmenschen wird sich Ihnen bereitwillig öffnen und Ihnen so die Möglichkeit bieten, sich dem Gespräch anzuschließen. Warten Sie nun einen kurzen Moment ab, um der Gruppe die Chance zu geben, ihr Gespräch zu beenden. Danach können Sie sich vorstellen und am Gespräch beteiligen.

Fallbeispiel 23
„Guten Tag, mein Name ist Viktoria Sommer, ich bin die Arbeitskollegin des Gastgebers. Hoffentlich habe ich die Unterhaltung nicht gestört."

Einzelpersonen einander vorstellen

Bei gesellschaftlichen Anlässen entscheiden in erster Linie das Geschlecht und das Alter darüber, wer wem vorgestellt wird.

> **Einzelpersonen einer Gruppe: Wer wird wem vorgestellt?**
>
> - Der Herr wird der Dame vorgestellt.
> - Der jüngere Herr wird dem älteren Herrn vorgestellt.
> - Die jüngere Dame wird der älteren Dame vorgestellt.
> - Die jüngere Dame wird dem wesentlich älteren Herrn vorgestellt.

Fallbeispiel 24
Sie stellen als Gastgeber zwei nahezu gleichaltrige Gäste einander vor. „Herr Winter, darf ich Ihnen Christoph Sommer vorstellen. Herr Sommer ist der Platzvorstand unseres Golfclubs." „Herr Sommer, das ist Fabian Winter, unser neuer Nachbar, ebenfalls leidenschaftlicher Golfspieler und interessiert an der Mitgliedschaft in unserem Club."

Einzelperson einer Gruppe vorstellen

Ankommende Gäste werden bereits anwesenden Gästen vorgestellt. Geben Sie dabei stets Hinweise auf eventuelle gemeinsame Interessen als Gesprächseinstieg.

Fallbeispiel 25
Der Gastgeber heißt seinen neu hinzugekommenen Gast Frau Viktoria Sommer willkommen und führt sie zu einer Gruppe bereits anwesender Gäste. Der Gastgeber weiß, dass Frau Sommer einige der anwesenden Personen kennt und andere nicht. Als höflicher Gastgeber lässt er Frau Sommer die Möglichkeit, ihre Bekannten in der Runde zu grüßen, und wird erst im Anschluss daran Frau Sommer unaufgefordert den übrigen Gästen vorstellen.

■ *„Das ist Viktoria Sommer, Frau Sommer ist meine ehemalige Kollegin aus Köln.", „Frau Sommer, das sind ..."*

Ehrengäste den übrigen Gästen vorstellen

Ehrengäste sind auch bei gesellschaftlichen Anlässen die wichtigsten Gäste und sollten, wie schon unter „Vorstellen im Geschäftsleben" beschrieben, beim Vorstellen besonders gewürdigt werden.

So machen Sie Paare miteinander bekannt

Wenn Sie Paare einander vorstellen, nennen Sie den Vor- und Nachnamen beider Partner, denn selbst ein Paar, das lange zusammen ist, besteht aus zwei eigenständigen Menschen.

Fallbeispiel 26
„Sie sind einander noch nicht vorgestellt worden, nicht wahr? Dann darf ich das gleich übernehmen. Das sind Viktoria und Christoph Sommer und hier sind Charlotte Herbst und Fabian Winter."

Höfliche Gesprächspartner bestätigen nun das gegenseitige Interesse mit einem „Freut mich sehr, Sie kennen zu lernen."

Der souveräne Gastgeber ermöglicht den einander noch unbekannten Personen einen reibungslosen Gesprächseinstieg, indem er ihnen über den Namen hinaus Gesprächsstoff, zum Beispiel gemeinsame Interessen, mitteilt. *„Herr und Frau Sommer segeln leidenschaftlich gern und oft. Frau Herbst und Herr Winter teilen die Leidenschaft fürs Segeln, sie unternehmen zweimal jährlich einen Törn im Mittelmeer."*

So machen sich Paare miteinander bekannt

Sie sind mit Ihrem Partner zu einem gesellschaftlichen Anlass eingeladen. Im Verlauf dieser Veranstaltung treffen Sie auf unterschiedliche Gästepaare.

Fallbeispiel 27
Sie und Ihr Partner treffen auf ein sympathisch wirkendes, Ihnen noch fremdes Paar. In diesem Fall wird einer der Herren die Initiative ergreifen. „Guten Abend, wir sind einander noch nicht vorgestellt worden. Das ist meine Frau Viktoria Sommer und ich bin Christoph Sommer." Daraufhin wird der Herr des anderen Paares sich und seine Frau vorstellen.

Fallbeispiel 28
Sie, ein weiblicher Gast, begegnen mit Ihrem Partner einem Bekannten mit Begleitung. Lediglich die beiden Herren kennen sich bereits. Die sich bekannten Personen grüßen sich zuerst. Dabei sollten die begleitenden Partner zumindest mit einem

freundlichen Lächeln bedacht werden. Einer der Herren beginnt, seiner Partnerin den Bekannten vorzustellen. „Guten Abend, Herr Sommer. Charlotte, ich möchte Dich gern mit Herrn Christoph Sommer bekannt machen, er arbeitet in der Marketingabteilung unserer Firma. „Herr Sommer, das ist meine Partnerin Charlotte Herbst."

Nach einer höflichen Erwiderung stellt Herr Sommer Herrn Winter seine Frau vor:
„Freut mich sehr, Sie kennen zu lernen. Viktoria, das ist Herr Fabian Winter, ein langjähriger Arbeitskollege. Das ist meine Frau Viktoria Sommer."

Fallbeispiel 29
Zwei Paare begegnen einander. Die Dame des einen Paares und der Herr des anderen Paares sind Geschäftspartner. Die jeweiligen Ehepartner sind einander noch nicht bekannt. Der Herr wird die ihm bekannte Dame grüßen und ihr seine Frau vorstellen. „Guten Abend, Frau Sommer, schön Sie wieder einmal zu treffen. Ich möchte Ihnen gern meine Partnerin Charlotte Herbst vorstellen. Charlotte, das ist Frau Viktoria Sommer, sie ist Geschäftsführerin der Firma SolVentureCom."

Frau Sommer wird ihre Freude zum Ausdruck bringen und im Anschluss daran ihren Begleiter vorstellen „Ich nehme an, Sie kennen sich noch nicht? Das ist mein Mann Christoph."

Die Begriffe „Gatte", „Gattin" und „Gemahl", „Gemahlin" sind völlig veraltet. Verwenden Sie stattdessen „meine Frau" und „mein Mann". Bei nicht-ehelichen Partnerschaften verwenden Sie „meine Partnerin" und „mein Partner" oder einfach den Namen.

Vorstellen im privaten Kreis
Geburtstagspartys feiert man mit guten alten und neuen Freunden. Niemand erwartet hier militärische Ordnung, weder in Bezug auf Kleidung noch auf Ihr Verhalten. Der gepflegte, freundliche Umgangston wird dem Anlass gerecht.

Sich selbst vorstellen
Gehen Sie offen auf die anderen Gäste zu und grüßen Sie freundlich und deutlich hörbar in die Runde. Stören Sie nicht abrupt die Unterhaltung, sondern warten Sie eine Pause ab, um sich vorzustellen.

Fallbeispiel 30
Sie machen sich als Gast mit den anderen Gästen bekannt. „Hallo zusammen, ich bin Charlotte, die Schwester des Geburtstagskinds. Ich hoffe, ich habe euch in eurer Unterhaltung nicht gestört."

> **Einzelpersonen miteinander bekannt machen: Wer wird wem vorgestellt?**
> - Der Gast wird dem Gastgeber vorgestellt.
> - Dem eigenen Partner werden andere Gäste/ Bekannte vorgestellt.
> - Der neu hinzugekommene Gast wird dem bereits anwesenden Gast vorgestellt.

Fallbeispiel 31
Sie, ein männlicher Gast, stellen dem Gastgeber Ihre neue Lebensgefährtin Charlotte Herbst vor. „Grüß dich Christoph, vielen Dank für die Einladung. Ich möchte dir gern Charlotte Herbst vorstellen."

Fallbeispiel 32

Sie, ein männlicher Gast, stellen Ihrer Frau einen anderen Gast vor. „Grüß dich Fabian. Viktoria, ich möchte dich gern mit Fabian Winter bekannt machen."

Mehrere Personen miteinander bekannt machen

Sie wollen als Gastgeber mehrere ungefähr gleichaltrige Gäste miteinander bekannt machen. Begleiten Sie die Gruppe von neu hinzugekommenen Gästen zu den bereits anwesenden Gästen. Stören Sie nicht das laufende Gespräch, sondern warten Sie geschickt die nächste Gesprächspause ab. Beginnen Sie mit dem Gast auf Ihrer linken Seite und fahren im Uhrzeigersinn fort.

Fallbeispiel 33

„Hallo, kennt ihr euch schon untereinander? Also, hier zu meiner linken steht Fabian Winter, er ist neu zugezogen. Fabian ist ein langjähriger Arbeitskollege. Daneben sind Viktoria Sommer und ihr Mann Christoph Sommer, sie sind unsere Nachbarn und mittlerweile gute Freunde von uns."

Übung 4:

10. Sie werden der Frau Ihres Chefs vorgestellt. Wie bringen Sie die Freude über den Kontakt zum Ausdruck?

a. *„Angenehm, sehr erfreut!"*
b. *„Habe die Ehre, gnädige Frau!"*
c. *„Guten Tag. Ich freue mich, Sie kennen zu lernen."*

11. Sie stellen sich einem Kollegen vor. Was sagen Sie?

a. *„Darf ich mich Ihnen vorstellen, Kleinschmidt mein Name."*
b. *„Guten Tag. Ich bin Nina Kleinschmidt, die neue Verkaufsleiterin."*
c. *„Gestatten, ich heiße Frau Kleinschmidt, Nina Kleinschmidt."*

12. Sie möchten als Gastgeberin einer Einweihungsparty Ihre Gäste Birgit Rose und Markus Gerstner einander vorstellen. In welcher Reihenfolge tun Sie das?

a. *„Hallo Frau Rose, das ist Markus Gerstner, Herr Gerstner, das ist Birgit Rose."*
b. *„Hallo, Herr Gerstner, ich möchte Ihnen Birgit Rose vorstellen."*
c. *„Darf ich vorstellen? Das ist Frau Rose, das ist Herr Gerstner."*

Anredeformen

Viele Verhandlungen schlagen fehl, weil allzu nachlässige Gesprächspartner ihrem formellen Gegenüber auf die Füße getreten sind. Ein überzeugender Auftritt hat viel mit gegenseitiger Wertschätzung zu tun und die korrekte Anrede ist eines der ersten verbalen Signale im zwischenmenschlichen Kontakt.

Persönliche Anrede und Name

„Fräulein" eignet sich heute nicht einmal mehr, um das Servicepersonal zu rufen. Es ist die Verniedlichung von Frau und sollte grundsätzlich nicht mehr verwendet werden. Reduzieren Sie eine junge, engagierte Frau niemals auf ein *„Fräulein"*.

„Gnädige Frau" wird heute lediglich bei gesellschaftlichen Veranstaltungen oder im Kreise älterer Herrschaften als Zeichen besonderer Wertschätzung gebraucht. Als Anrede für moderne Geschäftsfrauen klingt dieser Begriff eher antiquiert.

„Die Dame" lässt vermuten, dass unserem Gegenüber lediglich unser Name nicht mehr einfällt. Schlechte Zeiten für Menschen mit schwachem Namensgedächtnis. Es sei denn, Sie halten sich gerade in Wien auf, dort ist der Begriff noch üblich.

Dies gilt natürlich auch umgekehrt, beispielsweise die Frage: *„Was wünschen der Herr?"* lässt nicht gerade auf einen modernen Geschäftspartner schließen.

Des Menschen liebste Vokabel ist der eigene Name. Kennen Sie also bereits den Namen der Person, der Sie gleich begegnen werden, zum Beispiel aufgrund vorheriger Anmeldung, so sprechen Sie die Person unbedingt mit ihrem Namen an.

Wichtig dabei ist, den Namen deutlich und mit sympathischer Betonung auszusprechen. Vermeiden Sie Zögern und Unsicherheit in der Stimme. Sie können zum Beispiel den Namen bereits auf dem Weg zum Treffpunkt mehrmals wiederholen, so ist er Ihnen beim ersten Ansprechen geläufig.

Verwenden Sie den Namen Ihres Gesprächspartners nicht in jedem Satz, das wirkt eher aufgesetzt als souverän. Nennen Sie ihn aber, je nach Gesprächsdauer, zumindest zu Beginn und am Ende des Gesprächs.

> **Handlungsempfehlung**
> - Gesprächsbeginn: *„Guten Tag, Herr Winter, ich freue mich, Sie kennen zu lernen."*
> - Gesprächsende: *„Auf Wiedersehen, Herr Winter, vielen Dank für das konstruktive Gespräch."*

Nachname

Ein Nachname dient der besseren Unterscheidbarkeit von Personen und als Ergänzung zum Vornamen. Mit ihm wird die Zugehörigkeit zu einer Familie ausgedrückt. Er ist Mittel der Identifikation mit der eigenen Herkunft.

Doppelname

Doppelnamen sind heute üblich und auch wenn es Ihnen umständlich erscheinen mag, diesen in einem Gespräch mehrmals vollständig auszusprechen, sollten Sie auf keinen Fall darauf verzichten. Entsprechen Sie dem Wunsch der jeweiligen Person und stellen Sie die Bequemlichkeit hinten an. Die Person heißt, wie sie heißt.

Sie haben den Namen nicht verstanden?

Da gibt es einen verblüffend simplen Trick: Fragen Sie noch einmal nach. Am besten gleich, das ist auf jeden Fall weniger peinlich, als ihn später falsch auszusprechen oder sich verbal verrenken zu müssen, um eine Namensnennung zu umgehen. *„Verzeihung, ich habe Ihren Namen nicht verstanden."* oder *„Wiederholen Sie bitte Ihren Namen, ich habe ihn nicht verstanden."*

Mehr ist nicht nötig und wenn Sie dies gleich tun, werden Sie keine weiteren Schwierigkeiten haben, sich den Namen korrekt einzuprägen.

Tabu:

„Wie war gleich der Name?" Diese Frage lässt ein baldiges Ableben des Gesprächspartners vermuten.

Sie haben den Namen vergessen?

Haben Sie den Namen tatsächlich einmal vergessen, dann fragen Sie die betreffende Person bei unerwarteten Begegnungen noch einmal höflich nach ihrem Namen. Bei der Vielzahl an neuen Kontakten im heutigen Geschäftsleben ist es verständlich, dass Sie sich nicht an jeden Namen erinnern können. *„Entschuldigen Sie bitte, dass ich noch einmal nach Ihrem Namen fragen muss."* Oder *„Würden Sie bitte Ihren Namen noch einmal wiederholen?"* Peinlich kann es werden, wenn man am neuen Arbeitsplatz ständig die Namen seiner Kollegen vergisst. Was kann man tun, um es künftig zu vermeiden?

So merken Sie sich Namen

Hören Sie vor allem aufmerksam zu und achten Sie darauf, sich den Namen von Anfang an richtig einzuprägen. Lassen Sie sich während einer Vorstellungsrunde gedanklich nicht ablenken.

Handlungsempfehlungen

- Damit Informationen im Langzeitgedächtnis gespeichert werden, bedarf es mehrerer Wiederholungen. Stellen Sie sich kurze Zeit nach Beendigung des ersten Zusammentreffens die Person noch einmal vor und sprechen Sie dabei den kompletten Namen mehrmals nacheinander laut oder gedanklich aus.

- Wichtige Informationen werden vom Gehirn eher gespeichert als unwichtige. Sagen Sie sich bereits im Vorfeld des Gesprächs deutlich: *„Meine Kollegen sind mir sehr wichtig."*

- Verknüpfen Sie den Namen mit einer Besonderheit der betreffenden Person, einem optischen oder akustischen Detail, zum Beispiel einer auffälligen Brille oder dem Akzent oder mit einer Kernbotschaft aus dem Gespräch.

- Erhalten Sie eine Visitenkarte, so lesen Sie den Text aufmerksam. Dies ermöglicht Ihnen die Informationsaufnahme über einen weiteren, den optischen Sinneskanal.

Umgang mit Titeln

Im Geschäftsalltag treffen Sie in der Regel auf ganz „normale" Ansprechpartner. Sie begegnen Frau Sommer, Herrn Winter oder auch mal Frau Dr. Klug. Verständlich, dass Sie ins Zögern kommen, wenn Sie plötzlich einem Oberbürgermeister oder einer Gräfin zum Beispiel bei einem Festakt gegenüberstehen und diese Personen stilvoll ansprechen möchten.

Amtstitel

Haben Sie mit Personen zu tun, die ein politisches Amt bekleiden, dann sollten Sie unbedingt berücksichtigen, dass Sie bei offiziellen Anlässen den Titel und bei inoffiziellen Anlässen allein den Namen nennen. Hier heißt es in der Begrüßung entweder oder.

Fallbeispiel 34
Herr Botschafter/Frau Botschafterin

Anrede mündlich:
- „Guten Tag, Herr Botschafter",
- „Guten Tag, Frau Botschafterin"

Anrede schriftlich:
- „Sehr geehrter Herr Botschafter" oder
- „Sehr geehrte Exzellenz"
- „Sehr geehrte Frau Botschafterin" oder
- „Sehr geehrte Exzellenz"

Adressfeld:
- Seiner Exzellenz dem Botschafter
der Bundesrepublik Deutschland
Herrn Andreas von Stechow
- Ihrer Exzellenz der Botschafterin
des Fürstentums Liechtenstein
Frau Claudia Fritsche

Es gibt unzählige weitere Amtstitel, die im Geschäftsleben ihre Gültigkeit haben, die gängigsten seien hier genannt:

- Ministerpräsident, Bundeskanzler, Präsident sprechen Sie als das an, was sie sind.
- Minister, Senatoren, Staatssekretäre sprechen Sie als das an, was sie sind.
- Botschafter sprechen Sie als das an, was sie sind.
- Mitglieder des Bundestages sprechen Sie mit „Herr/Frau Abgeordnete/r" korrekt an.

Fallbeispiel 35
Beim 75-jährigen Firmenjubiläum ist der Bürgermeister der Stadt eingeladen. Sie begrüßen ihn mit den Worten: „Guten Abend, Herr Bürgermeister, ich freue mich, Sie heute in unserem Haus begrüßen zu dürfen." Oder etwas moderner: „Guten Abend, Herr Bürgermeister, schön, dass Sie unser Jubiläum mit uns feiern."

Fallbeispiel 36
Stellen Sie den Bürgermeister zum Beispiel als Ehrengast dem Publikum vor, müssen Titel plus Namen genannt werden: „Sehr geehrte Damen und Herren, ich freue mich ganz besonders, Ihnen unseren heutigen Ehrengast, Herrn Bürgermeister Martin Reger vorstellen zu dürfen."

Fallbeispiel 37
Sie kennen den Bürgermeister persönlich und treffen ihn am Nachmittag in der Stadt:
„Guten Tag, Herr Reger."

Berufstitel

Die korrekte Anrede für den Geschäftsführer, den Abteilungsleiter etc. eines Unternehmens, ist mündlich wie schriftlich der Nachname, die Positionen erscheinen jeweils nur im Adressfeld.

Fallbeispiel 38: Direktor des Unternehmens

Anrede mündlich:
- *Herr Liebermann*
- *Frau Herzlich*

Anrede schriftlich:
- *Sehr geehrter Herr Liebermann,*
- *Sehr geehrte Frau Herzlich,*

Adressfeld:
- *Herrn Direktor Liebermann*
- *Frau Direktorin Herzlich*

Während in hierarchischen Organisationen Anreden fest vorgeschrieben sind, zum Beispiel militärische Titel, sind Anreden in der modernen Gesellschaft eine Höflichkeitsbekundung. Die Anrede inkl. Titel drückt vor allem Respekt aus vor den Leistungen unseres Gegenübers.

Akademische Grade

Akademische Grade sind fester Bestandteile des Namens und werden in Verbindung mit dem Namen genannt. Bei mehreren Titeln wird in der mündlichen Anrede allein der höchste Titel genannt. In Deutschland ist es nicht mehr üblich, Ehefrauen mit dem Titel ihres Mannes anzusprechen. Stellen Sie einen Titelinhaber Dritten vor, zum Beispiel einem Publikum, werden alle Titel inklusive Vorname und Zuname genannt.

„Sehr geehrte Damen und Herren, ich möchte Ihnen nun Herrn Professor Dr. Markus Klug vorstellen. Herr Professor Klug wird heute ..."

Geschäftspartner mit Hochschultitel

Sie sollten ausschließlich Ihren medizinischen Arzt oder Ärztin als Herr Dr. oder Frau Doktorin (ohne Nachnamen) ansprechen. Der Titel Doktor wird in der schriftlichen Anrede im Gegensatz zum Professor immer abgekürzt!

Fallbeispiel 39: Herr Doktor/Frau Doktorin

Anrede mündlich:
- *„Herr Doktor Klug"*
- *„Frau Doktorin Weise"*

Anrede schriftlich:
- *Sehr geehrter Herr Dr. Klug,*
- *Sehr geehrte Frau Dr. Weise,*

Adressfeld:
- *Herrn Dr. Martin Klug*
- *Frau Dr. Elisabeth Weise*

Bei mehreren akademischen Graden unterscheidet man zwischen der mündlichen und der schriftlichen Form.

Fallbeispiel 40: Herr Professor/Frau Professorin

Anrede mündlich:
- *Herr Professor Klug*
- *Frau Professorin Weise*

Anrede schriftlich:
- *Sehr geehrter Herr Professor Klug,*
- *Sehr geehrte Frau Professorin Weise,*

Adressfeld:
- *Herrn Professor Dr. rer. nat. Friedrich Klug*
- *Frau Professorin Dr. rer. nat. Elisabeth Weise*

Hat eine Person mehrere Doktortitel, können diese schriftlich abgekürzt werden: DDr. oder Dr. mult. = honoris causa multiplex.

Ehrentitel

In der mündlichen und schriftlichen Anrede sind verliehene Ehrentitel wie erarbeitete Doktortitel zu behandeln! Dr. h. c. steht für honoris causa, Dr. e. h. für ehrenhalber und D. für den Ehrendoktor der Theologie.

Der gute Ton erwartet vom Inhaber eines Titels ein gewisses Maß an Bescheidenheit, das heißt, der souveräne Titelträger nennt den eigenen Titel in der Vorstellungsrunde nicht. Sprechen Sie ihn deshalb ohne Titel an? Nein, dieses noble Understatement entlässt Sie nicht aus der Pflicht, den jeweiligen Titel trotzdem zu nennen. Dieses Zeichen der Wertschätzung können Sie allein auf ausdrücklichen Wunsch des Titelinhabers weglassen.

Die weibliche Form der Titel

Auch wenn sich erfahrungsgemäß die wenigsten Frauen an einem männlichen Oberbegriff für Berufsgruppen stören, so liegt es doch meiner Erfahrung nach im Trend, Berufsbezeichnungen durch eine spezifisch weibliche und männliche Formulierung zu unterscheiden. So werden heute die femininen Berufsbezeichnungen: Bundeskanzlerin, Ministerin, Beamtin, Professorin etc. verwendet.

Die Inhaberin akademischer Grade wird in Anschrift und Anrede mit dem ihr verliehenen Grad genannt, Doktorin und Professorin (Quelle: Protokoll Inland)

Adelstitel

Adelsanreden sind oft missverständlich und gehören eigentlich unserer historischen Vergangenheit an. Seit Inkrafttreten der Weimarer Reichsverfassung von 1919 gelten alle deutschen Bürger vor dem Gesetz als gleichgestellt. Vorrechte der Geburt, des Geschlechtes, des Standes, der Klasse und des Bekenntnisses wurden ausgeschlossen. Ein Anrecht auf die Anrede mit einem Prädikatstitel, wie zum Beispiel „Durchlaucht", besteht nicht mehr. Allerdings findet er im gesellschaftlichen Leben und bei der Ermittlung des Rangs im Protokoll immer noch Beachtung.

Fallbeispiel 41:

Heute sind Adelsprädikate in der Bundesrepublik Bestandteil des Namens und werden im Anschluss an den Vornamen genannt:

- *Luitpold Prinz von Bayern*
- *Clemenz Fürst von Metternich*
- *Claus Schenk Graf von Stauffenberg*
- *Joseph Freiherr von Eichendorff*
- *Albert Baron von Rothschild*

Bei weiblichen Mitgliedern werden diese Namensbestandteile in den entsprechenden geschlechtsspezifischen Formen verwendet: Prinzessin, Fürstin, Gräfin, Freifrau und Baronin.

Fallbeispiel 42: Freiherr/Freifrau

Mündliche Anrede:
- *Freiherr von Eichendorff*
- *Freifrau von Eichendorff*

Schriftliche Anrede:
- *Sehr geehrter (Herr) Freiherr von Eichendorff*
- *Sehr geehrte (Frau) Freifrau von Eichendorff*

Adressfeld:
- *Joseph Freiherr von Eichendorff*
- *Louise Freifrau von Eichendorff*

Auch hier gilt: Fühlt sich der Inhaber eines Adelsprädikats stilvoller Bescheidenheit verpflichtet und nennt seinen Titel bei der Vorstellung selbst nicht, so enthebt es das Gegenüber nicht aus der Pflicht, den Titel als Bestandteil des Namens zu nennen. Welchen Titel Sie letztendlich wählen, hängt im wesentlichen davon ab, in welchem Verhältnis Sie zu der Person stehen, um welchen Anlass es sich handelt und wie die jeweilige Person es gern hätte. Manch einem ist es wichtig, dem anderen gar lästig.

Wenn Sie sich bezüglich der korrekten Anrede nicht sicher sind, fragen Sie Ihr Gegenüber, er ist es gewöhnt. *„Wie darf ich Sie korrekt anreden?"*

Rangfolge der Titel

Bei mehreren Titeln zu einem Namen sieht deren Rangfolge folgendermaßen aus:
1. militärischer Rang,
2. akademischer Titel,
3. nicht akademischer Titel,
4. Adelstitel

Beispiel:
Generalleutnant Dr. jur. Baurat Freiherr von Hohenfels

Fallbeispiel 43

Anrede mündlich:
- *Guten Tag, Doktor Freiherr von Hohenfels*
- *Guten Tag, Doktorin Freifrau von Hohenfels*

Anrede schriftlich:
- *Sehr geehrter (Herr) Dr. Freiherr von Hohenfels*
- *Sehr geehrte (Frau) Dr. Freifrau von Hohenfels*

Adressfeld:
- *Herrn Dr. Eberhard Freiherr von Hohenfels*
- *Frau Dr. Isabell Freifrau von Hohenfels*

Dieses Beispiel gilt auch für: Baron/Baronin, Edler/Edle, Freiherr/Freifrau, Fürst/Fürstin, Herzog/Herzogin, Prinz/Prinzessin, Ritter.

Handschlag

Die Begrüßung mit Handschlag wird noch immer als die persönlichste Art der Kontaktaufnahme empfunden, zeigt sie doch die Bereitschaft zu Offenheit und Nähe unseren Mitmenschen gegenüber.

Ein Händedruck ist immer eine Aufforderung zur Interaktion. Es werden zumindest ein paar Worte erwartet. Fehlt die Zeit für ein paar persönliche Worte, verzichtet man besser auf den Handschlag und grüßt nur kurz im Vorbeigehen.

Übung 5:

13. Sie werden Herrn Professor Dr. August Graf von Ronneberg vorgestellt. Wie reden Sie ihn korrekt an?

a. „Guten Tag, (Herr) Professor Graf Ronneberg."
b. „Guten Tag, (Herr) Professor von Ronneberg."
c. „Guten Tag, (Herr) Professor Dr. Graf von Ronneberg."

14. Sie haben einen akademischen Grad. Wie stellen Sie sich als souveräner Titelträger korrekt vor?

a. „Guten Tag, ich bin Herr Meier."
b. „Guten Tag, Ich heiße Dr. Wolfgang Meier."
c. „Gestatten, ich heiße Frau Kleinschmidt, Nina Kleinschmidt."

15. Bei der Jubiläumsveranstaltung Ihrer Firma haben Sie die ehrenvolle Aufgabe, die Gäste zu empfangen. Welche der unten genannten Aussage ist korrekt?

a. Den Kardinal spreche ich mit „Eminenz" an.
b. Die Anrede „Fräulein" gilt bei jungen Frauen unter 16 Jahren.
c. Den Bürgermeister spreche ich mit Titel und Namen an.

Die Bereitschaft zum Handschlag ist von Region zu Region unterschiedlich. Hierzu belegen empirische Studien, dass beispielsweise der Westdeutsche nur in förmlichen Situationen den Anwesenden die Hand reicht, der Ostdeutsche dagegen schüttelt jedem die Hand, auch wenn mehr als 20 Personen im Raum sind. (Quelle: Bert, Wagner und Brähler, 2000)

Allerdings findet nicht jeder „Typ" diese physische Nähe angenehm. Hier heißt es unbedingt Anpassungsleistung zeigen, um unnötige Reibungsverluste zu vermeiden.

Der Handschlag im Geschäftsleben

Gehen Sie mit sicheren Schritten und gemäßigtem Tempo auf den Partner zu. Deuten Sie die Bereitschaft zum Handschlag an, indem Sie den rechten Arme leicht anheben, so dass die Handfläche sichtbar wird. Dieses körpersprachliche Signal steht für Offenheit, Ehrlichkeit und den Willen der räumlichen und gedanklichen Annäherung.

Wer reicht wem die Hand?

Der Handschlag geht, im Gegensatz zum Gruß, vom Ranghöheren aus.
- Der Vorgesetzte reicht dem Angestellten die Hand.
- Der Dienstältere reicht dem Dienstjüngeren die Hand.

Der Gastgeber heißt seinen Gast im Hause willkommen. Dabei sollte er ihm die Entscheidung überlassen, den Handschlag auszuführen oder nicht. Die körpersprachlichen Signale des Gegenübers helfen dabei bei der Einschätzung.

Handlungsempfehlungen

- Stürmen Sie nicht mit der vorgestreckten Hand auf Ihre Geschäftspartner zu, dies wird meist als unsensibel, im schlimmsten Fall als Eindringen in die persönliche Komfortzone empfunden. Allerdings sollte die Gastgeberrolle auch nicht vernachlässigt werden, das heißt, zögert der Gast oder wirkt er unsicher bezüglich des Handschlags, so sollte der Gastgeber ihm entgegenkommen.
- Bei regelmäßigen Begegnungen mit Kollegen können Sie auf das Handreichen verzichten, es reicht ein freundlicher Gruß in die Runde. Es sei denn, es gehört zu den täglichen Ritualen Ihrer Unternehmenskultur, dann zeugt es von Respekt, sich den Gepflogenheiten anzupassen.
- Ganz gleich, ob Sie eine Gruppe von Geschäftspartnern oder Kollegen begrüßen, behandeln Sie unbedingt alle Personen gleichberechtigt, das heißt, wenn Sie dem ersten Geschäftspartner die Hand geben, so tun Sie das auch bei jedem weiteren.

Ist in einer Gruppe keine Rangordnung festzustellen, wird jedem der Reihe nach die Hand gegeben, dabei beginnen Sie an Ihrer linken Seite und gehen im Uhrzeigersinn vor.

Der Handschlag bei gesellschaftlichen Anlässen

Wer reicht wem die Hand?

- Die Dame reicht dem Herrn die Hand.
- Der Ältere reicht dem Jüngeren die Hand.
- Die Ältere reicht der Jüngeren die Hand.

Wie im Geschäftsleben heißt auch hier der Gastgeber seinen Gast im Hause willkommen. Achten Sie als Gastgeber darauf, den Gast nicht zu bedrängen oder ihn zu vernachlässigen.

Die Hand reichen

Auch wenn die Art des Handschlags nicht zwangsläufig etwas über den Charakter eines Menschen aussagt, ist es doch nur ein kleiner Schritt von dieser körperlichen Erfahrung zur individuellen Einschätzung der jeweiligen Person.

Der sympathische Handschlag ist körperwarm, trocken, kurz und von mittlerem Druck. Er ist in Deutschland einhändig. Die Handflächen liegen dabei für einige Sekunden aufeinander, die Hände umfassen sich und werden meist in kurzen Intervallen auf und ab bewegt. Übertreiben Sie die Herzlichkeit nicht, indem Sie die Hand des Gegenübers mit beiden Händen umschließen. Es gibt diverse Arten, per Handschlag zu begrüßen, aber nicht jede eignet sich dafür, den ersten Eindruck zu optimieren:

„Schraubstock"

Ergreifen sie die Hand fest, aber nicht so fest, dass Ihr Gegenüber nur noch ein gequältes *„Autsch"* erwidern kann. Dies gilt besonders bei Personen, die vom Körperbau her wesentlich graziler sind als Sie selbst oder einen Ring an der rechten Hand tragen.

Beim Händeschütteln unter „gleichstarken" Partnern ist ein kräftiger Händedruck das Zeichen für Selbstbewusstsein, Kraft und Willensstärke.

„Hasenpfötchen"
Das sanfte „Pfötchen" hat allein beim Handkuss seine Berechtigung. Ein zu schwacher Händedruck kann im alltäglichen Begrüßungs-Zeremoniell leicht negative Assoziationen hervorrufen, zum Beispiel Unentschlossenheit oder geringe Belastbarkeit.

Reich mir die „Flosse"
Schwitzen ist eine natürliche Funktion, es dient der Steuerung des Wärmehaushaltes. Der Mensch besitzt circa zwei Millionen Schweißdrüsen, die überall in der Haut vorkommen. Besonders zahlreich sind diese unter anderem an den Handinnenflächen. Schwitzende Hände hemmen die Kontaktfreudigkeit und können soziale Interaktion ganz erheblich beeinflussen. Lassen Sie es nicht so weit kommen.

Stofftaschentuch
Haben Sie stets ein frisches Stofftaschentuch griffbereit. Der Gentleman trägt es in der Hosentasche stets mit sich. Es ist ein reines Schweißtuch und wird nicht zum Schnäuzen verwendet.

Erfrischungstüchlein
Sie helfen spontan im Alltag und können einzeln leicht auch in kleineren Taschen verstaut werden.

Anti-Transpirant
Bei anstehenden Veranstaltungen mit häufigem Händeschütteln tragen Sie rechtzeitig Anti-Transpirant-Hand-Spray auf die Handflächen auf.

Ständig und stark nasse Hände sind ein Alarmsignal des Körpers und sollten ernst genommen werden. Oftmals besteht eine Disharmonie zwischen dem Seelenleben und den alltäglichen Anforderungen. Die wirksamste Methode besteht darin, die Ursache ausfindig zu machen und zu regulieren.

Hände schütteln
Einerseits kann es ein Zeichen großer Sympathie sein, wenn ein Gastgeber seinen Gast „nicht mehr loslassen" will. Andererseits strahlt es aber auch Dominanz aus, sein Gegenüber „fest im Griff" zu haben. Höfliche Menschen reichen die Hand und dehnen diese Pumpbewegungen nicht allzu weit aus.

Ausnahme:
Prominente schütteln für die Kameras sehr lange die Hände.

Handschuhe
Im Winter können Sie Ihre Handschuhe anbehalten, wenn es keine Fäustlinge sind. Wenn Ihr Gegenüber sie abnimmt, dann steht es Ihnen frei, es ebenso zu tun. Die Handschuhe trotzdem anzubehalten wirkt ein bisschen wie einst Queen Mom.

Übung 6:

16. Was tun Sie, wenn Sie beim Handgeben einen unangenehm feuchten Händedruck spüren?
- a. Ich lasse mir nichts anmerken.
- b. Ich wische meine Hand diskret an meiner Kleidung ab.
- c. Ich trockne meine Hand mit einem Stofftaschentuch.

17. Sie, Ausbildungsleiter, haben ein Gespräch mit einem Auszubildenden Ihrer Firma. Der Auszubildende grüßt Sie höflich. Wer gibt wem die Hand?
- a. Der Auszubildende gibt mir die Hand.
- b. Ich reiche dem Auszubildenden die Hand.
- c. Bei einem firmeninternen Gespräch gibt man sich nicht die Hand.

18. Sie empfangen einen Kunden in Ihrem Büro. Wer gibt wem zuerst die Hand?
- a. Das ergibt sich aus der Situation heraus.
- b. Ich begrüße immer den Kunden mit einem Handschlag.
- c. Ich warte ab, ob mir der Kunde die Hand reichen will.

Kussrituale

Bei der ersten Begegnung machen Sie sich am besten gar keine Gedanken über das Küssen oder Geküsst-Werden. Auch bei nachfolgenden Treffen ist jeder, der dabei nicht mitmachen will, entschuldigt. Diejenigen, die mitmachen wollen, sollten jedoch wissen, dass man die Haut des Gegenübers nicht wirklich berührt. Man küsst die Luft ein paar Millimeter über der Hand oder Wange.

Der Wangenkuss

Der Wangenkuss hat sich heutzutage als Begrüßung im Freundeskreis etabliert. Ursprünglich als Zeichen der Zugehörigkeit angesehen, wird heute nahezu beliebig geküsst. Eine Mode, entstanden in einer Zeit, in der sich Jugendliche bewusst von den Verhaltensnormen der Eltern abgrenzen wollten. Dies ist auch der Grund, warum wir keine festen Regeln dazu in unserer heutigen Etikette finden. Die Küsschen-Kultur ist nicht jedermanns Sache und so sollte der überzeugte „Bussi-Bussi-Anhänger" nicht wahllos jede Wange anvisieren, sondern sensibel auf Signale des Gegenübers achten und zumindest folgende Empfehlungen beherzigen:

- Der Wangenkuss wird nur angedeutet, so bleibt das Make-up intakt.
- Die Dame signalisiert den gewünschten Abstand, indem sie die Handflächen an den Oberarm des Herren legt und so bestimmt, wie weit der Herr sich nähern darf.
- Löst sich die Dame aus der Umarmung, ist dies ein eindeutiges Signal, dass sie auf weitere Küsse verzichtet.

- In Deutschland neigen die meisten Menschen zu zwei Küssen.

Zur Reihenfolge der Wangen gibt es keine pauschale Aussage. Manche fangen mit der rechten Wange an, andere wiederum mit der linken. Selbst ein und dieselbe Person wechselt hin und wieder zwischen den Seiten. Damit es nicht zu Zusammenstößen kommt, achten Sie auf die Körpersprache Ihres Gegenübers. Die Deutschen neigen zur links-rechts-Kombination, was auch schon Freiherr von Knigge beobachtete.

Auch kulturelle Unterschiede lassen sich beobachten. In Spanien sind es, wie in Deutschland, zwei Küsse. Drei Küsse, beginnend mit der linken Wange, gibt man sich in der Schweiz, in Belgien, Luxemburg und den Niederlanden. In der Pariser Gesellschaft sind es vier Küsse, wer weniger austeilt, kommt wohl vom Land. Die begleitenden Rituale gehen von einem angedeuteten Küsschen bis zur richtigen Umarmung.

Der Handkuss

Ein Handkuss galt ursprünglich als Ausdruck besonderer Wertschätzung gegenüber ehrwürdigen Damen. Wird der Handkuss von einem „Kavalier alter Schule" bei entsprechendem Anlass zelebriert, ist er vielleicht ein bisschen altmodisch, aber auch erfrischend anders. Der Handkuss von Bekannten in Einkaufspassagen oder auf Fluren gehört dagegen zweifelsfrei zu den größeren Peinlichkeiten. Zudem überzeugt ein Handkuss nur, wenn er richtig durchgeführt wird. Für den Auftritt manches Herren wäre es besser, manche Hand nicht zu küssen, um sich nicht zu blamieren. In traditionell ausgerichteten Gesellschaften, zum Beispiel in Österreich, hört man auch heute noch häufig *„Küss' die Hand, gnä' Frau."* In Deutschland passt der Handkuss nicht mehr in unseren Geschäftsalltag.

Kommen Sie in den Genuss, sich in galanter Gesellschaft zu bewegen, die diesen Akt noch als Ritual pflegt, achten Sie auf folgende Empfehlungen:

- Die Dame entscheidet ob oder ob nicht, indem sie die Hand reicht.
- Die Hand der Dame darf nicht an den Mund des Herren gezogen werden.
- Der Herr nimmt die ihm gebotene Hand bei den Fingerspitzen.
- Er führt sie, sich leicht darüber neigend, in Richtung Lippen.
- Die Lippen des Herren berühren niemals den Handrücken der Dame.
- Der Herr hält stets Blickkontakt mit der Dame, da beim Vorbeugen sonst der Eindruck entstehen könnte, dass er einen flüchtigen Blick auf das Dekolleté der Dame erhaschen will.

Im sachlich orientierten Geschäftsleben findet der Handkuss heute nicht mehr die Beachtung. Sollten Sie jedoch als moderne Geschäftsfrau doch einmal in den Genuss kommen, so reagieren Sie auf den unerwarteten Handkuss souverän. Fügen Sie sich in Ihr Schicksal, ganz so, als ob es schon der zehnte Handkuss an diesem Tag wäre. Bedanken Sie sich für die galante Geste mit einem charmanten Lächeln.

Übung 7:

19. Welche Aussage zum Wangenkuss ist korrekt?
a. Die Lippen berühren leicht die Wangen des Gegenübers.
b. Die Wangen dürfen die Wangen des Gegenübers berühren.
c. Weder die Lippen noch die Wangen berühren die Wangen des Gegenübers.

20. Zu welchem Anlass passt ein Handkuss?
a. Nur beim Wiener Opernball.
b. Bei festlichen Anlässen gegenüber ehrwürdigen Damen.
c. Wenn man sich von der Masse positiv abheben will.

21. Was ist bei einem Handkuss zu berücksichtigen?
a. Die Lippen berühren nur zart den Handrücken der Dame.
b. Die Hand der Dame wird zum Mund des Herren hingeführt.
c. Der Herr hält dabei Blickkontakt.

Die Visitenkarte

Im Geschäftsleben kommt man nicht mehr ohne sie aus und auch im Privatleben ist das Überreichen einer Visitenkarte sehr viel stilvoller als das Suchen nach Zettel und Stift. Nur einwandfreie Karten hinterlassen einen guten persönlichen Eindruck.

Umgang mit der Visitenkarte im Geschäftsleben

So klein sie auch sein mag, sie repräsentiert die Geschäftspersönlichkeit des Inhabers und dessen Unternehmenskultur gleichermaßen. Aussagekräftige Visitenkarten sind Pflicht und so kommt die geschäftliche Visitenkarte nicht ohne folgende Informationen aus: Vor- und Zuname, gegebenenfalls Titel, Position beziehungsweise Funktion, Anschrift, Telefon- und Faxnummern, E-Mail- und Internet-Adresse.

Tabu:
Eselsohren, Kaffeeflecken, Fingerabdrücke, handschriftliche Vermerke oder Korrekturen, zum Beispiel wenn sich die Telefonnummer geändert hat und körperwarme Visitenkarten, zum Beispiel der Brusttasche des Hemdes entnommen.

Wer übergibt wem seine Visitenkarte?

Kommen Sie als Gast, Kunde, Geschäftspartner in ein Unternehmen, so geben Sie Ihre Visitenkarte der Dame oder dem Herrn am Empfang. Nach Abwicklung der Anmeldung und Registrierung erhalten Sie diese zurück. Für das Übergeben an den Geschäftspartner gilt folgende Rangfolge:

- Der Gast überreicht seine Visitenkarte dem Gastgeber.
- Der Dienstjüngere übergibt sie dem Dienstälteren.

So überreichen Sie Ihre Visitenkarte

Visitenkarten können stilvoll in flachen Metall- oder Glattlederboxen, eher zweckmäßig im Timeplaner oder griffbereit im kleinen Visitenkarten-Täschchen auf der Innenseite Ihres Jacketts aufbewahrt werden.

Tabu:

Bewahren Sie Visitenkarten nicht in der Brusttasche Ihres Business-Hemdes auf. Es wirkt nicht besonders formell, eine körperwarme Visitenkarte zu überreichen.

Bei beruflichen Begegnungen überreichen Sie Ihre Visitenkarte am Verhandlungstisch. Aus Höflichkeit und um den Informationsbedarf des neuen Geschäftspartners zu decken, geschieht dies unaufgefordert. Bei mehreren Gesprächspartnern erhält der Gastgeber, beziehungsweise Leiter der Gesprächsrunde zuerst Ihre Karte. Die Karte wird lesbar für den Empfänger, mit der rechten Hand angeboten.

So nehmen Sie eine Visitenkarte entgegen

Nehmen Sie die angebotene Visitenkarte immer mit ehrlichem Interesse entgegen und behandeln Sie die Karte mit größtem Respekt. Haben Sie einen Namen nicht richtig verstanden, so lesen Sie den Namen laut vor und fragen Sie, ob Sie ihn korrekt aussprechen. Die Karten bleiben vor dem jeweiligen Empfänger auf dem Tisch liegen. Menschen mit schlechtem Namensgedächtnis wissen dies zu schätzen.

Schreiben Sie niemals in Anwesenheit des Gebers darauf und stecken Sie die entgegengenommene Visitenkarte niemals ungelesen weg. Aus ihr erschließen sich Ihnen, neben Sachinformationen, auch wunderbare Gesprächseinstiege. Den „Dr." können Sie beispielsweise fragen, an welcher Hochschule er studierte, und den Unternehmensstandort können Sie für Fragen nach der dortigen Gegend, öffentlichen Veranstaltungen oder günstigen Verkehrsanbindungen nutzen.

Gründlich gelesen, erweist sie sich als wahres Auskunftsbüro. Sie liefert Ihnen die nötigen Informationen zur korrekten Anrede, hilft beim Verstehen schwieriger Namen sowie beim Erfahren der Position und Funktion des Gegenübers.

Umgang mit Visitenkarten bei Groß-Veranstaltungen

Halten Sie bei Großveranstaltungen wie Messen oder Symposien genügend Visitenkarten bereit. Nicht etwa, um sie wahllos unter die Leute zu streuen, sondern um im Sinne des Networkens gezielt Kontakte knüpfen zu können. Um längeres ungeschicktes Suchen nach den eigenen Visitenkarten zu vermeiden, stecken Herren ihre eigenen Visitenkarten in das dafür vorgesehene kleine Täschchen auf der Innenseite Ihres Jacketts und die Ihrer Gesprächspartner beispielsweise in die Brusttasche oder in die rechte Außentasche des Jacketts. Damen sollten für diese Gelegenheit ein Kostüm oder einen Hosenanzug mit verfügbaren Taschen tragen.

Drängen Sie Ihre Visitenkarte nicht auf, besser ist es, erst einmal in einem kurzweiligen Smalltalk das Gegenüber verbal abzutasten. Erkennen Sie Interesse, so übergeben Sie Ihre Visitenkarte. Meist erhalten Sie daraufhin automatisch die Karte des Gesprächspartners.

Eine sorgfältig geführte Visitenkartenkartei ist Gold wert. So macht es Sinn, im Anschluss an das Gespräch einige Anhaltspunkte auf der Karte zu notieren. Sehen Sie die Visitenkarte Ihres Gesprächspartners als temporäre Kundenkartei, aber tun Sie das niemals im Beisein des Kartenbesitzers.

Umgang mit der Visitenkarte bei gesellschaftlichen Anlässen

Bei privatem und gesellschaftlichem Anlass ist das Überreichen der Visitenkarte nicht notwendig, hierbei reicht die Nennung des Namens aus: Schutz der Privatsphäre! Falls Sie vor oder nach einer Einladung Blumen als Dankeschön schicken möchten, erleichtert allerdings die Visitenkarte mit einigen freundlichen Worten dem Empfänger die Zuordnung. Die private Visitenkarte ist umso vornehmer, je weniger Text – außer dem Namen – darauf vermerkt ist. Für private Angaben wie Adresse, E-Mail und/oder Handynummer ist die Rückseite ebenfalls geeignet.

Beim Stehempfang

Wenn Sie bei einem Empfang mit einem Cocktail, Kanapee und/oder Zigarette in Händen mit bisher Unbekannten Kontakt aufnehmen, schließt sich der Austausch von Visitenkarten aus. Bei beiderseitigem Interesse und ein bisschen guten Willen lässt sich dies aber im Laufe der Veranstaltung nachholen.

Bei Tisch

Bei Essenseinladungen halten Sie sich mit dem Verteilen der Visitenkarten zurück, denn bei Tisch sind sie tabu.

Übung 8:

22. Jemand stellt sich Ihnen bei einer Groß-Veranstaltung vor und übergibt seine Visitenkarte. Wie verhalten Sie sich?
    a. Ich lehne höflich aber bestimmt ab.
    b. Ich nehme sie an und überreiche ihm meine Karte im Gegenzug.
    c. Ich nehme Sie an, lese sie kurz und stecke sie ein.

23. Welche Aussage bezüglich des Umgangs mit der Visitenkarte ist korrekt?
    a. Die Visitenkarte wird immer mit beiden Händen überreicht.
    b. Höherrangige bittet man nicht um ihre Visitenkarte.
    c. Sie nehmen die Visitenkarte entgegen und stecken Sie in die Jackentasche.

24. Wo bewahren Sie Ihre eigenen Visitenkarten auf, wenn Sie unterwegs sind?
    a. Griffbereit in der Brusttasche des Hemdes.
    b. Im Visitenkartentäschchen des Jacketts.
    c. In der vorderen rechten Hosentasche.

Smalltalk – Die kleine Plauderei

Oft höre ich das Vorurteil, Smalltalk sei oberflächlich, gar kein richtiges Gespräch und damit sinnlos. Um dieses Vorurteil ein für alle Mal auszuräumen: Smalltalk ist dann falsch verstanden, wenn nur Floskeln oder leere Worthülsen verwendet werden.

Smalltalk kann viel mehr:
- Smalltalk ist ein Eisbrecher im Umgang mit fremden Menschen und ungewohnten Situationen.
- Smalltalk hilft, Distanz zu überwinden und Beziehung zu knüpfen.
- Smalltalk schafft eine ungezwungene Atmosphäre und entkrampft Gesprächssituationen.
- Smalltalk hilft Ihnen, einen sympathischen Eindruck zu erzeugen.

Als angenehmer Gesprächseinstieg bietet sich ein gepflegter und ungezwungener Smalltalk an. Sehen Sie ihn als Chance, neue Kontakte zu knüpfen, Menschen näher kennen zu lernen oder Ihren angehenden Geschäftspartner verbal abzutasten. Smalltalk ist zunächst absichtsfrei und relativ offen für unterschiedliche Menschen und Themen. Man plaudert ganz einfach ein bisschen miteinander.

Wann wird Smalltalk erwartet
Auf Partys und Empfängen, bei Besuchen von Geschäftspartnern und in den Pausen von Tagungen und Besprechungen.

Wann ist Smalltalk unangebracht
Wenn Ihr Gesprächspartner zu verstehen gibt, dass er stark unter Zeitdruck ist und darauf wartet, sofort konkrete Informationen zu erhalten.

Wenn Ihr Gegenüber ein ernsthaftes Gespräch, zum Beispiel bezüglich Trennung oder Trauer, mit Ihnen sucht, bedarf es keiner kleinen Plauderei als Gesprächseinstieg.

Unterhaltsame Themen
Da Smalltalk häufig als Gesprächseinstieg mit noch Fremden geführt wird, bieten sich unverfängliche Themen an: das Ambiente, der Anlass, bei dem man sich getroffen hat, Kinofilme, Theateraufführungen, Konzerte, aktuelle Veranstaltungen, Beruf, Hobby, Reisen, Sport.

Tabu-Themen
Smalltalk wird gern als verbales Abtasten von noch unbekannten Personen verwendet, deshalb sollten heikle Themen wie Politik, Religion, Betriebsinterna, Krankheiten, private Probleme ausgeklammert werden.

Geeignete Gesprächseinstiege im Geschäftsleben
Die erste Aufgabe des Smalltalks besteht darin, ehrliches Interesse am Gegenüber zu zeigen, Übereinstimmung zu finden und zu festigen.

Als Gastgeber
- *„Herzlich willkommen bei …"*
- *„Hatten Sie eine angenehme Anreise?"*
- *„Wie war die Anreise?"*
- *„Hat Ihnen die Anfahrtsskizze weitergeholfen?"*

- „Ich hoffe, Sie hatten keine Schwierigkeiten, das Gebäude zu finden?"
- „Benutzen Sie die Kundenparkplätze direkt vor dem Haus?"
- „Kennen Sie unsere Stadt?"
- „Waren Sie früher schon einmal in ... ?"

Als Gast
- „Herzlichen Dank für die Einladung."
- „Schön, dass wir uns heute persönlich kennen lernen."
- „Danke, dass Sie sich die Zeit für ein Gespräch nehmen."
- „Sie haben sehr ansprechende Geschäftsräume."
- „Was ist denn das für ein Kunstobjekt dort im Regal?"
- „Sie haben hier ganz erlesene Stücke. Wie lange sammeln Sie schon?"

Die Visitenkarte als Themenlieferant
- „Ich sehe, Sie haben promoviert, an welcher Universität haben Sie studiert?"
- „Haben Sie immer schon in diesem Bereich gearbeitet?"
- „Haben Sie auch schon einmal im Ausland gearbeitet?"
- „Sind Sie schon lange in Ihrer Firma tätig?"
- „Sie kommen aus ... Ein wunderschöne Stadt, vor zwei Jahren habe ich mit meiner Familie einige Tage dort verbracht."

Ein Gespräch unterbrechen, auf das eigentliche Thema lenken

Möchten Sie ein Gespräch unterbrechen, so lassen Sie Ihr Gegenüber ausreden und sprechen es dann bewusst mit seinem Namen an, denn wer seinen eigenen Namen hört, schweigt erst einmal.

- „Herr Schmidt, entschuldigen Sie, wir sollten kurz noch über ..."
- „Herr Schmidt, wir sollten unbedingt noch ..."
- „Herr Schmidt, könnten wir jetzt noch ..."

Geeignete Gesprächseinstiege als Tagungs- oder Konferenzteilnehmer

Einer Gruppe gegenüber sind Sie als Einzelperson in der Pflicht, um Aufnahme zu bitten. Dazu gehen Sie folgendermaßen vor: Grüßen Sie in die Runde, warten Sie dann einen kurzen Moment ab, um der Gruppe die Chance zu geben, ihr Gespräch zu beenden. Danach können Sie sich am Gespräch beteiligen.

- „Guten Tag, darf ich mich vorstellen? Mein Name ist ..."
- „Hoffentlich habe ich die Unterhaltung jetzt nicht gestört."
- „Guten Tag, wir wurden uns noch nicht vorgestellt, mein Name ist ..."
- „Sagen Sie, sind wir uns nicht schon bei der letzten Veranstaltung begegnet?"
- „Schön, Sie einmal wiederzusehen."
- „Aus welchem Grund nehmen Sie an der Veranstaltung teil?"
- „Kennen Sie den Referenten persönlich/von früheren Veranstaltungen?"
- „Entschuldigen Sie bitte, können Sie mir sagen, wo ich meinen Mantel abgeben kann?"

- „Entschuldigung, wissen Sie vielleicht, wo ich etwas zu trinken bekomme?"

Geeignete Gesprächseinstiege bei gesellschaftlichen Anlässen

Als Gastgeber haben Sie es relativ leicht. Sie können sich mit Ihren Gästen selbst unterhalten, neu hinzugekommene Gäste den bereits anwesenden vorstellen und als Informationslieferant fungieren. Aber auch für den Gast ist Smalltalk der sympathischste Weg, den Gastgeber für sich einzunehmen. Bedanken Sie sich für die Einladung, loben Sie das Ambiente, den Garten, das Essen etc.

Als Gastgeber
- „Guten Abend Herr/Frau ..., herzlich Willkommen."
- „Schön, dass Sie kommen konnten."
- „Es ist schön, Sie zu sehen, kommen Sie doch herein."
- „Ich mache Sie gern mit den anderen Gästen bekannt."

Als Gast
- „Guten Abend, Frau/Herr ..., ich habe mich sehr über die Einladung gefreut."
- „Guten Abend, Frau/Herr ..., herzlichen Dank für die freundliche Einladung."
- „Wie lange wohnen Sie schon in dieser tollen Altbauwohnung?"
- „Sie haben einen wunderschönen Garten. Investieren Sie viel Zeit in die Pflege?"

Gesprächseinstiege bei Tisch

Hier bietet sich thematisch alles an, was sich geschmack- und stilvoll auf den Anlass des Abends und die Ausführung der Veranstaltung bezieht.

- „Der Fisch schmeckt einfach köstlich, bei welchem Händler kaufen Sie?"
- „Sie haben ein wirklich erlesenes Menü zusammengestellt."
- „Gehen Sie auch gern einmal ins Restaurant oder kochen Sie lieber selbst?"
- „Welches ist Ihr Lieblingsrestaurant hier in dieser Stadt?"
- „Welche Küche mögen Sie am liebsten?"
- „Trinken Sie lieber Rotwein oder Weißwein?"
- „Haben Sie schon einmal ein Weingut besucht?"

Ein Gespräch beenden

Möchten Sie Ihr Gespräch mit einer Einzelperson beenden, lassen Sie sie nicht allein stehen, sondern bringen Sie sie mit anderen Gästen ins Gespräch, verabschieden Sie sich und beenden Sie erst danach Ihr Gespräch.

- „Es war schön, Sie wieder einmal zu treffen. Also dann, bis zum nächsten Mal."
- „So, es hilft nichts, ich muss wieder an die Arbeit."
- „Ich sehe gerade einen Geschäftspartner, den ich noch nicht begrüßt habe, Sie entschuldigen mich bitte."

Begleiten von Besuchern

An die Höflichkeit eines Menschen unterwegs werden keinesfalls andere Ansprüche gestellt als in konkreten Geschäftssituationen. Im Gegenteil, es erfordert ein hohes Maß an flexiblem Einfühlungsvermögen, um auf unvorhergesehene Situationen eingehen zu können.

Übung 9:

25. Wann sollten Sie bei einem Abendessen mit Geschäftspartnern die geschäftlichen Themen ansprechen?
a. Der früheste Zeitpunkt ist nach dem Dessert.
b. Über Geschäftliches lässt sich die ganze Zeit sprechen.
c. Geschäftliche Themen werden erst nach 21.00 Uhr besprochen.

26. Sie möchten ein schier endloses Gespräch beenden. Wie kommen Sie am geschicktesten aus der Situation?
a. Ich bedanke mich für das Gespräch und verabschiede mich.
b. Ich sage, dass ich großen Hunger habe und mir etwas vom Büfett holen möchte.
c. Ich sage, dass ich dringend zur Toilette müsste.

27. Welche Aussage ist korrekt?
a. Smalltalk sollte grundsätzlich jedem Gespräch vorausgehen.
b. Bei erkennbarem Zeitmangel des Gegenübers sollte auf Smalltalk verzichtet werden.
c. Smalltalk sollte nur bei gesellschaftlichen Anlässen gepflegt werden.

Immer wieder gibt es Unsicherheit darüber, welche Regeln der Höflichkeit beim Begleiten von Besuchern im Unternehmen oder auf dem Weg zum Restaurant gelten. Der Anspruch an den Gastgeber ist, für das Wohl und die Sicherheit des Gastes zu sorgen. Folgende Empfehlungen helfen Ihnen dabei.

Begleiten von Gästen im Geschäftsleben
Wenn Sie, als Gastgeber, einen Geschäftspartner in den eigenen Räumen, zum Beispiel auf dem Weg vom Foyer ins Büro oder Besprechungszimmer begleiten, sollten Sie unbedingt die „Höflichkeitsregeln zum Begleiten" kennen.

So begleiten Sie Ihre Gäste
- Tempo anpassen.
- Der Gastgeber geht links.
- Der Ortskundige geht vor.
- Der Gastgeber öffnet die Türen.
- Die Treppe hinauf: Vortritt gewähren.

Tempo anpassen
Viele haben es heute eilig, der Zeitdruck ist enorm. Doch ist Eile nicht immer das beste Mittel um ans Ziel zu kommen. Insbesondere wenn Sie mit externen Geschäftspartnern gemeinsam eine Strecke zurücklegen, sollten Sie sich dem Tempo des Besuchers anpassen.

Der Gastgeber geht links

Rechts gilt als die „Ehrenseite" und bleibt dem Gast vorbehalten, ganz gleich, ob der Besucher eine Dame oder ein Herr ist. Auf dem eigenen Firmengelände nehmen Sie die Funktion des Gastgebers ein. Die alte Regel: „links schützt rechts", zwar ein Relikt aus Ritters Zeiten, ist als Orientierung aber immer noch brauchbar. Eine Theorie darüber besagt, dass die Dame deshalb auf der rechten Seite des Herren gehen musste, damit sich ihr Reifrock nicht im Säbel auf seiner linken Seite verfing.

Der Ortskundige geht vor

Der Gastgeber geht voran, das macht Sinn, denn er kennt den Weg. Eine Schulterbreite Abstand zwischen den Gesprächspartnern genügt vollkommen. Der Abstand zwischen Gastgeber und Gast darf nicht zu groß werden, da sonst ein gepflegter Smalltalk nicht mehr möglich ist.

Der Gastgeber öffnet die Türen

Der Gastgeber lässt dem Gast den Vortritt in geschlossene, übersichtliche Räume, zum Beispiel das Büro, Besprechungszimmer oder den Lift.

Ausnahmen:

- Nicht immer lässt sich die Tür so öffnen, dass die Reihenfolge eingehalten werden kann. In diesem Fall kündigen Sie als Gastgeber die Änderung beziehungsweise Unterbrechung an: *„Entschuldigen Sie bitte, die Tür geht in diese Richtung auf."*
- Auf dem Weg in die Außenbereiche des Firmengeländes geht der Gastgeber durch die Tür vor, da sich die „Gefahrenzone" außerhalb des Hauses befindet. Es könnten beispielsweise Transportfahrzeuge den Weg kreuzen. Kündigen Sie den Wechsel an: *„Ich gehe hier besser vor, wir haben regen Staplerverkehr auf dem Betriebsgelände."* So kann sich der Gast rechtzeitig darauf einstellen.
- Grundsätzlich überall dorthin, wo „Gefahr lauern" könnte, zum Beispiel Fabrikationsstätten, geht der Gastgeber schützend vor. *„Sie erlauben, dass ich vorgehe, wir kommen jetzt in die Fabrikationshalle."*

Treppauf, treppab

Wollen Sie mit einem Gast die Treppe hinaufgehen, lassen Sie dem Gast, ganz gleich ob männlich oder weiblich, den Vortritt. Folgen Sie maximal ein bis zwei Stufen dahinter. Dieser geringe Höhenunterschied versetzt selbst eine Dame im Rock nicht in eine unangenehme Situation, ermöglicht aber „im Falle eines Falles" das Sichern des Gastes durch den Gastgeber. Dies ist auch der Grund, warum der Gastgeber die Treppe hinab vor dem Gast geht.

Ausnahme:

Beim Ersteigen einer Wendeltreppe kann es notwendig werden, die Positionen zu ändern. Der Gast geht auf der sichereren, breiteren Außenseite der Stufen und der Gastgeber leicht versetzt dahinter an der schmalen Seite der Stufen.

> **Handlungsempfehlung**
>
> Überlassen Sie es dem Gast, ob er über die Treppe oder mit dem Lift in die oberen Etagen gelangen möchte. Freitragende Treppen beispielsweise, bei denen man von unten her durch die einzelnen Stufen schauen kann, lassen das Hochgehen zu einem Spießrutenlauf für den weiblichen Gast mit Rock werden.

Übung 10:

28. Sie laden eine Geschäftspartnerin zum Essen ins Restaurant ein und werden vom Oberkellner an den Tisch begleitet. In welcher Reihenfolge gehen Sie zum Tisch?

a. Ich gehe hinter dem Oberkellner, die Geschäftspartnerin folgt uns.
b. Meine Geschäftspartnerin geht hinter dem Oberkellner, ich gehe zum Schluss.
c. Die Reihenfolge ist in einer geschäftlichen Situation egal.

29. Sie begleiten einen Besucher durch das Unternehmen und kommen an eine Tür. Welche Aussage ist korrekt?

a. Der Gastgeber geht durch die Tür nach draußen, zum Beispiel auf den Parkplatz, voran.
b. Der Gastgeber geht immer voran, also geht er auch durch jede Tür zuerst.
c. Der Ortskundige lässt grundsätzlich dem Besucher höflich den Vortritt.

30. Sie führen einen Besucher durch Ihr Unternehmen und kommen an eine Treppe. Wie verhalten Sie sich?

a. Der Gast geht die Treppe hinunter voran.
b. Der Gastgeber geht vor dem weiblichen Gast die Treppe hoch.
c. Der Gastgeber geht hinter dem Gast die Treppe hoch.

6. Im Gespräch – Immer den richtigen Ton treffen

Kommunikation ist ein zu umfangreiches Feld, als dass folgendes Kapitel den Anspruch der Vollständigkeit erheben könnte. Hier werden lediglich die Maßnahmen zur zielgerichteten Gesprächsführung angesprochen, die erfahrungsgemäß im Geschäftsalltag am häufigsten vorkommen.

Kommunikation ist als Prozess der Informationsübertragung ein vielschichtiges Geschehen. Es ist dem Menschen in der face-to-face-Kommunikation nicht möglich, nicht zu kommunizieren. Neben der Sprache selbst gibt es das nicht-verbale Verhalten, die Interaktion und räumliche Faktoren, die als Signale dienen und die im folgenden Kapitel näher erläutert werden.

> „Man kann nicht nicht kommunizieren. Selbst Nichthandeln hat Handlungscharakter."
> Paul Watzlawick

Individualdistanz

Nahezu jedes Lebewesen weist Revierverhalten auf. Es liegt in seiner Natur, Raum in Anspruch zu nehmen. Den individuellen Abstand, den ein Individuum zu einem anderen benötigt, nennt man Individualdistanz.

Obwohl man sich dieser Fakten auf das Tierreich bezogen schon lange bewusst war, begann man erst relativ spät, diese Sachverhalte auch beim Menschen zu erforschen. Der amerikanische Anthropologe Edward T. Hall war einer der ersten Wissenschaftler, der die räumlichen Bedürfnisse von Menschen untersuchte. Er fand heraus, dass auch Menschen Reviere haben, zum Beispiel Grundstücke, Büros, Arbeitsflächen. Er prägte den Ausdruck Proxemik, von lat. „proximare" für „sich nähern," für die Wissenschaft um territoriale Ansprüche des Menschen. Das menschliche „Revier" teilt sich in vier Zonen auf.

> **Die vier Individual-Distanzen**
> - **Intime** oder **Privat-Distanz** bis circa 60 cm
> - **Persönliche** oder **Dialog-Distanz:** circa 60 bis 120 cm
> - **Gesellschaftliche** oder **Sozial-Distanz:** circa 120 bis 360 cm
> - **Öffentliche** oder **Rollen-Distanz:** ab circa 360 cm

Intime- oder Privat-Distanz

Sie ist unsere sensibelste Zone und erstreckt sich im Radius bis zu circa 60 cm um unseren Körper. Nur Menschen, denen wir emotional sehr nahe stehen, wie zum Beispiel Familienmitgliedern, engen Freunden und guten Bekannten erlauben wir, in diese Zone einzutreten.

Fallbeispiel 44

In bestimmten Situationen ist es unvermeidlich, die Privat-Distanz zu unterschreiten, zum Beispiel im Lift oder in öffentlichen Verkehrsmitteln. Um hier die natürliche Reaktion auf einen „Angriff" ausschalten zu können, werden die umstehenden Menschen unbewusst zu „Unpersonen" erklärt.

Wir schließen deren Existenz in unserer Wahrnehmung aus und fühlen uns so durch sie nicht mehr bedroht. Dies erklärt vielleicht die Tatsache, dass sich viele Menschen im Lift und öffentlichen Verkehrsmitteln nicht mehr zur Höflichkeit verpflichtet fühlen.

> **Handlungsempfehlung**
>
> Um die Atmosphäre in solchen beengten Räumen zu entspannen, bietet sich ein freundlicher Gruß in die Runde an. Je nach Verhältnissen kann es das kurze Kopfnicken sein, bis hin zum bewussten Aufnehmen des Blickkontaktes, einem freundlichen Lächeln und dem verbalen Gruß.

Im Geschäftsalltag bewegen wir uns zwischen der sogenannten Dialog-Distanz unseren Kollegen gegenüber und der Sozial-Distanz in Gesellschaft von Vorgesetzten und noch fremden Geschäftspartnern.

Persönliche- oder Dialog-Distanz

Die persönliche Distanz erstreckt sich in einem Radius bis circa 120 cm um uns. Zur Seite ist der Abstand geringer. Diese Komfortzone sollten Sie bei Gesprächen mit Kollegen, gesellschaftlichen Anlässen oder bei Treffen mit Bekannten einhalten. Innerhalb dieser Zone führen wir entspannte Gespräche, ohne uns bedrängt zu fühlen.

Bei einer Begrüßung mit Handschlag nähern Sie sich einander kurzzeitig auf die Privat-Distanz von unter 60 cm an.

Wichtig ist in jedem Fall, dass unser Kommunikationspartner den Abstand als angenehm und angemessen empfinden kann. Achten Sie hier besonders auf körpersprachliche Signale, wie Körperhaltung, Blickkontakt und Gesten.

Gesellschaftliche- oder Sozial-Distanz

Den Abstand von circa 120 bis 360 cm halten Menschen in formeller Funktion ein, zum Beispiel Chef gegenüber Mitarbeiter, Gesprächspartner in kritischen Situationen oder gegenüber fremden Menschen.

Öffentliche- oder Rollen-Distanz

Es ist der Abstand, den ein Redner vor größerer Gruppe einhält, sie beträgt über 360 cm. Personen, die außerhalb dieser Distanz stehen, nehmen wir nicht als Kommunikationspartner wahr. Das Eintreten in diese Zone wird als Aufforderung zur Kommunikation verstanden.

Individuelle Unterschiede

Solange Gesprächspartner die gleichen Distanzzonen als angenehm empfinden, gibt es keine räumlichen Probleme. Die Schwierigkeiten fangen erst an, wenn verschieden große Puffer miteinander kollidieren. Stark unterschiedliche Grade der Expressivität können unerwartete Herausforderungen bereithalten, denn Distanziertheit birgt ebenso wie Distanzlosigkeit Aggressionspotenzial. Distanziertheit könnte beispielsweise als Arroganz und Distanzlosigkeit als plumpe Vertraulichkeit gewertet werden.

Die persönliche Komfortzone ist auch abhängig von der jeweiligen Situation, in der wir uns befinden. Im privaten Umfeld lassen wir beispielsweise mehr Nähe zu als im geschäftlichen Kontext.

Fallbeispiel 45

Haben Sie einmal das Gefühl, ein Geschäftspartner rückt Ihnen zu nah „auf die Pelle" oder baut sich frontal Ihnen gegenüber auf, so weichen Sie nicht erschrocken oder gar panisch zurück, dies kann als Flucht gedeutet werden. Dieser Rückzug schwächt Ihren Standpunkt.

Handlungsempfehlung

- Wenn Sie wissen, dass der angemeldete Gesprächspartners, aus kulturell unterschiedlichem Umfeld kommt, können Sie sich auf ein mögliches, für Sie ungewohntes Distanzverhalten bereits einstellen. Bereiten Sie sich rechtzeitig mental darauf vor, dass er voraussichtlich mit räumlicher Nähe anders umgehen wird als Sie. Akzeptieren Sie diese kulturellen Unterschiede und nutzen Sie dieses Verständnis für einen positiven Gesprächsverlauf.
- Kommt diese unangenehme Nähe für Sie überraschend, so haben Sie zwei Möglichkeiten, dem zu entgehen: Drehen Sie sich entweder leicht seitlich zum Gesprächspartner, indem Sie das Standbein wechseln, oder sagen Sie es dem Gesprächspartner sachlich und rechtzeitig. Zwingen Sie sich nicht, in dieser Situation auszuharren.
Ihre Körpersprache wird mit unbewussten Signale Ihren Unmut deutlich machen, zum Beispiel durch ausweichenden Blick, angestrengten Gesichtsausdruck, vor der Brust verschränkte Arme. Dies könnte vom Gegenüber als persönliche Ablehnung interpretiert werden.

Platzieren

Die bewusste Platzierung der Gesprächspartner trägt signifikant zur Steigerung des Gesprächserfolges bei. Zwar ist die Sitzposition häufig von den räumlichen Gegebenheiten abhängig, doch im eigenen Büro beziehungsweise Besprechungszimmer kann sie diskret beeinflusst werden, indem man den Stuhl an die gewünschte Position stellt. Sinn der Platzierung ist, geeignete Gesprächspartner zusammen zu setzen, Machtverhältnisse widerzuspiegeln oder die Einstellung zum Kommunikationspartner zu signalisieren.

Handlungsempfehlung

- Platzieren Sie Ihren Gesprächspartner nie mit dem Rücken zur Tür.
- Setzen Sie den Gesprächpartner nicht mit dem Blick zum Fenster.

Sitzordnung im Geschäftsleben

In meinen Ausführungen beschränke ich mich auf den Schreibtisch, beziehungsweise den Konferenztisch. Keine der aufgezeigten Positionen ist per se falsch oder richtig, vielmehr hat jede ihre Berechtigung.

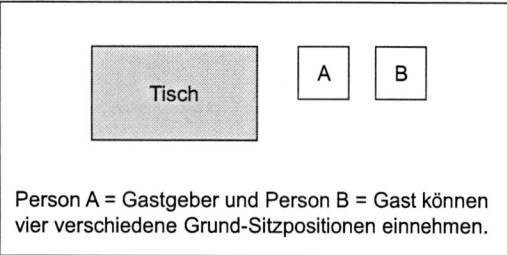

Person A = Gastgeber und Person B = Gast können vier verschiedene Grund-Sitzpositionen einnehmen.

Fallbeispiel 46: „kommunikativ"

Die Übereck-Position verhindert eine territoriale Aufteilung des Tisches und ermöglicht ein gemeinschaftliches Handeln, in dem Gedanken, Ideen, und Erkenntnisse mitgeteilt werden können. Die Körpersprache des Gesprächspartners ist sichtbar und doch bietet die Tischkante einen partiellen, symbolischen Schutz, hinter den man sich bei Bedarf zurückziehen kann.

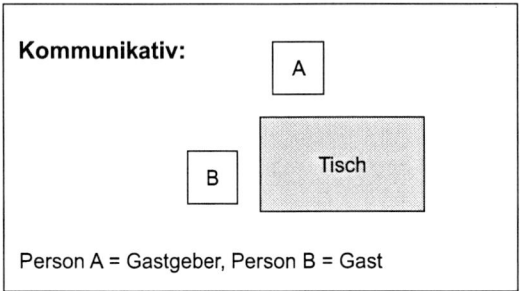

Kommunikativ:
Person A = Gastgeber, Person B = Gast

Fallbeispiel 47: „konfrontativ"

Die Gegenüber-Position betont die Konfrontation. Sie wird von Gesprächspartnern gewählt, die einen anfänglich gegnerischen Partner von ihrem Standpunkt überzeugen wollen, die auf ihrem Standpunkt beharren oder die Tadel aussprechen wollen.

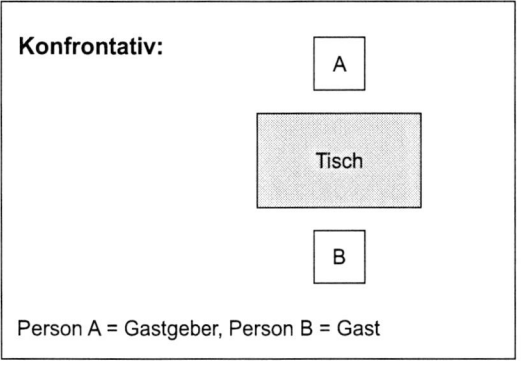

Konfrontativ:
Person A = Gastgeber, Person B = Gast

Der Tisch bildet dabei eine solide Barriere zwischen den Gesprächspartnern. Eine unsichtbare Grenze verläuft ungefähr in der Mitte der Fläche und teilt den Tisch in zwei Territorien auf. Als Gastgeber unterstützt diese Position Ihre Autorität. Das kann dazu führen, dass der Gesprächspartner weniger schnell bereit sein wird, seinen Standpunkt aufzugeben. Folglich ist diese Position ungeeignet für Verkaufsgespräche oder für den Dialog, zum Beispiel zwischen Arzt und Patient.

Fallbeispiel 48: „kooperativ"

Diese Sitzposition wird meistens von Personen gewählt, die an einem gemeinsamen Projekt arbeiten. Sie ist bei Verkaufsgesprächen dann geeignet, wenn Person A und B gemeinsam Einblick in Unterlagen nehmen wollen, aber auch um die Gesten des Kommunikationspartners zu imitieren.

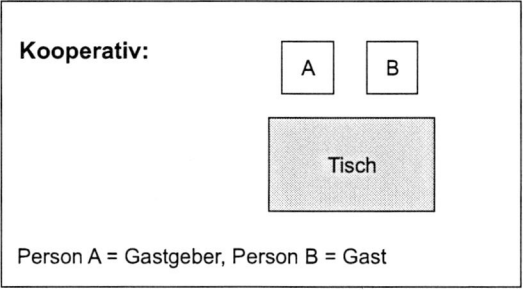

Kooperativ:
Person A = Gastgeber, Person B = Gast

Handlungsempfehlung

Begeben Sie sich als Gast niemals ohne verbale oder nonverbale Aufforderung in die kooperative Position zum Gastgeber, da dies von A als unerlaubtes Eindringen in das eigene Territorium angesehen werden könnte.

Als Verkäuferteam sollten Sie niemals auf der gleichen Seite gegenüber dem Kunden sitzen. Die unterschwellige Bedeutung ist „Wir sitzen in einem Boot, du bist draußen" oder „Wir machen gemeinsam Front gegen dich."

Fallbeispiel 49: „Round Table"

Diese Sitzordnung am runden Tisch lässt die Teilnehmer von Gruppen gefühlsmäßig „näher zusammen rücken" und vermindert so das hierarchische Gefälle zum Beispiel zwischen Vorgesetzten und Mitarbeitern, Personalchef und Bewerber, Kunde und Lieferant.

Die symbolische Funktion des Sich-an-einen-runden-Tisch-Setzens fördert die Verhandlungsbereitschaft. Die äußeren Umstände signalisieren den Willen zu einem offenen, zwanglosen, gleichberechtigten Gespräch.

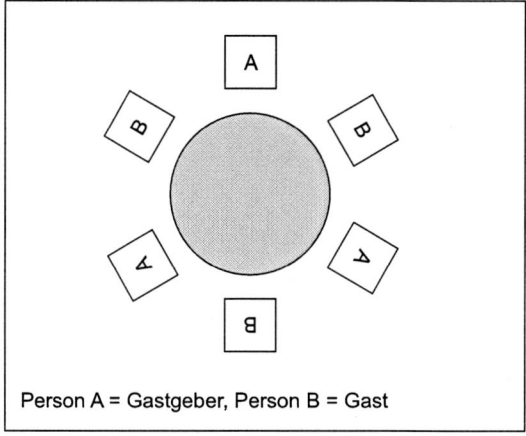

Person A = Gastgeber, Person B = Gast

Fallbeispiel 50: „Westfälische Reihe"
Unter diesem Begriff versteht man im allgemeinen (außer in Nord-Rheinwestfalen) eine Sitzordnung, die Fronten und somit Konflikte auflöst. Hier sitzen die Teilnehmer beider Gesprächsparteien abwechselnd nebeneinander.

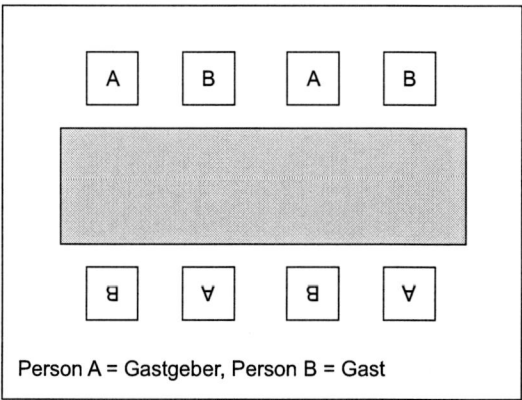

Person A = Gastgeber, Person B = Gast

Tafelordnung bei gesellschaftlichen Anlässen

Es gibt die deutsche (nationale) und die diplomatische (internationale) Tischordnung.

Die vom Gastgeberpaar geschätzten Personen werden hierbei bevorzugt und sitzen somit näher bei den Gastgebern. Dort, wo der Gastgeber sitzt, ist „oben". Das können Tischmitte oder die schmalen Seiten eines Tisches sein. Ehepaare sollten nicht nebeneinander und möglichst nicht einander gegenüber sitzen, aber dennoch in Sprechweite. Damen und Herren genießen bei beiden Platzierungen den Rang des Ehepartners, nicht aber die Söhne und Töchter.

Einer Theorie zufolge wird der Platz der Gastgeber als „oben" bezeichnet, weil die Gastgeber, damals in der Regel Könige und Fürsten, erhöht, das heißt auf einem Podest, saßen.

Deutsche Sitzordnung

Hier sitzt der ranghöchste männliche Gast links von der Gastgeberin. Der ranghöchste weibliche Gast sitzt rechts vom Gastgeber.

Diplomatisches Reglement

Hier sitzt der ranghöchste männliche Gast rechts neben der Gastgeberin. Der ranghöchste weibliche Gast sitzt rechts vom Gastgeber.

Eine Hierarchie wird bei langen Tafeln besonders deutlich, deshalb ist es bei großen Anlässen zu empfehlen, mehrere kleinere Tische zu nehmen. Am Tisch der Ehrengäste sitzt der Gastgeber und an jedem anderen ein stellvertretender Gastgeber.

Bei privaten Feierlichkeiten

Heute hat, bei privat-gesellschaftlichen Anlässen, zum Beispiel einer Hochzeit, die Sitzordnung, die sich nach einer Rangfolge aufschlüsselt, nicht mehr die Bedeutung.

Richtig miteinander reden – Eine tägliche Herausforderung

Der Geschäftsalltag bringt sehr vielfältige Kommunikationsaufgaben mit sich. Und wenn auch der Grundvorgang zwischenmenschlicher Kommunikation schnell beschrieben ist: Sender → Nachricht → Empfänger (Quelle: Stuart Hall, 1970), ist Kommunikation doch eine der komplexesten Fähigkeiten des Menschen.

Leider stimmen gesendete und empfangene Nachricht oft nur mäßig überein, denn tatsächlich ist Kommunikation nicht nur eine Weitergabe von sachlichen Informationen, sie setzt vielmehr hohes Einfühlungsvermögen voraus.

Eine souveräne Kommunikation berücksichtigt die Sender-Nachricht-Empfänger-Problematik. Ein erfahrener Gesprächs- beziehungsweise Verhandlungsführer wird beispielsweise immer nachfragen, ob er ein Angebot richtig verstanden hat. Dazu kann man die Worte des Gesprächspartners mit eigenen Worten wiedergeben. *„Verstehe ich Sie richtig, Sie meinen dass ..."* oder *„Habe ich das richtig aufgefasst, Ihr Angebot ist ..."* oder *„Was meinen Sie genau mit der Formulierung ...?"*

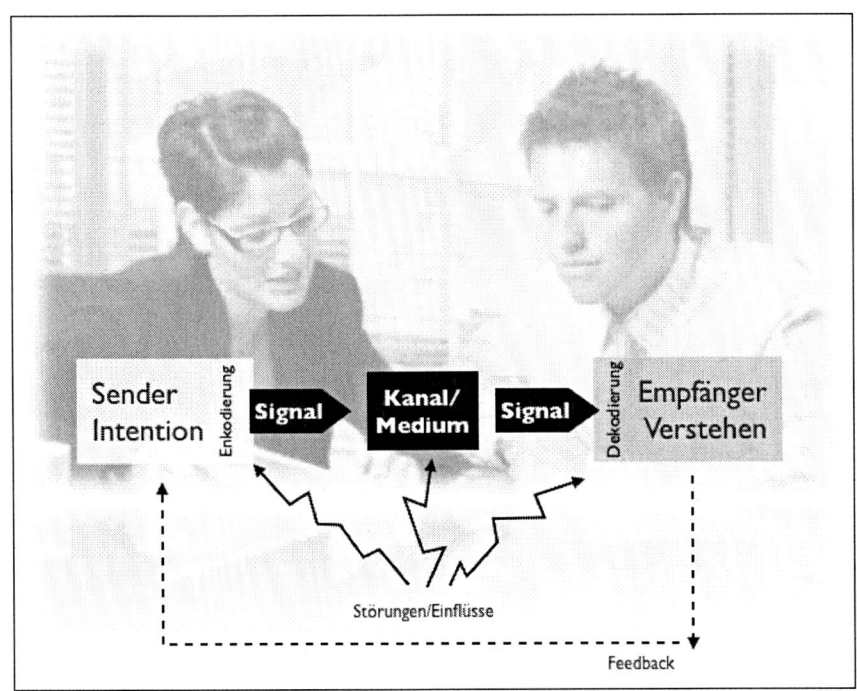

Abbildung 1: Kommunikationsmodell nach Stuart Hall

Ein sensibler Gesprächspartner wird auch nie erwarten, dass sein Gegenüber ihn in seinem Sinne versteht, sondern vielmehr die Worte verwenden, die dem Gesprächstyp des Gegenübers entsprechen und somit von ihm verstanden werden.

Der Verhandlungsstil – Auch eine Frage des Umgangs

Von Seminarteilnehmern werde ich manchmal gefragt, ob es bevorzugte Verhandlungsstile gebe, die als besonders höflich beziehungsweise unhöflich oder gar beleidigend aufgefasst werden können. Die Beantwortung von Fragen nach der besten Verhandlungsführung fallen nicht in mein Metier. Gerne verweise ich dann darauf, dass hierzu besser ein Verkaufstrainer zu befragen sei.

Auf der anderen Seite nehme ich eine Zunahme an Fragen in diese Richtung in den letzten Jahren wahr. Offensichtlich scheinen im Zeitalter des globalen Wettbewerbs und der härteren Verhandlungsstrategien die Umgangsformen wichtiger zu werden.

Zur Beantwortung dieser Frage stelle ich Ihnen daher keine Verhandlungsstile und Taktiken der Gesprächsführung vor. Doch ich möchte Ihnen vor Augen führen, dass Umgangsformen immer der Ausdruck von ehrlich empfundenem Respekt und aufrichtiger Wertschätzung gegenüber dem Gesprächspartner sind. Stellen sie sich daher selbst die Frage, ob unfaire Verhandlungsstile und manipulative Gesprächstechniken zu Ihrem Repertoire zählen sollen. Meine Lebenserfahrung zeigt mir, dass unfaire Verhandlungstechniken und daraus resultierende Ergebnisse selten zu einem langfristigem Erfolg führen.

Eine Frage des souveränen Umgangs ist aber sicherlich, die Frage danach, wie Sie auf unfaire Mittel in einem Gespräch reagieren sollten. Die Facetten unfairer Methoden sind schier unerschöpflich, dennoch können Sie sich schützen. Denn das Ziel unfairer Methoden wird immer sein, Sie aus dem Gleichgewicht zu bringen, Sie nervös zu machen oder Sie zu überrumpeln, um Ihnen größere Zugeständnisse abzuringen, als Sie freiwillig geben würden. Die Intention ist somit immer die selbe, Sie sollen mehr geben als Sie wollen.

Eine gute Methode, professionell mit unfairen Methoden – gleich welcher Art – umzugehen, habe ich in dem guten Buch „Gesprächsrhetorik" des bekannten Kommunikationstrainers Stéphane Etrillard auf Seite 154 gefunden. Er empfiehlt folgendes Verhalten:

Unfaire Mittel erkennen: Solange Sie erkennen, dass Sie es mit einem unfairen Verhandlungspartner zu tun haben, sind Sie gut geschützt. Vertrauen Sie also nicht leichtfertig jemandem, solange Sie hierfür keinen wirklich guten Grund haben. Fahren Sie Ihre Antennen aus und achten Sie auf unfaire Mittel.

Sourverän bleiben: Reagieren Sie nicht emotional. Machen Sie sich klar, dass Ihr Gegenüber nicht Ihnen als Person schaden möchten sondern „nur" eben jedes Mittel einsetzt, um seine Interessen durchzusetzen. Reagieren Sie nicht blind und lassen Sie sich nicht gar durch unbedachte Frechheiten Zugeständnisse abringen. Bleiben Sie betont sachlich und höflich. Zeigen Sie, dass Sie nicht auf derartige Versuche reagieren werden.

Fragen stellen: Spielen Sie das falsche Spiel nicht mit. Stellen Sie Fragen und zwar viele. Denn nichts bringt eine unfaire Methode schneller ins Wanken als gezielte Fragen. Gerade in der Verhandlung gilt der Grundsatz: „Wer fragt, führt". Hinterfragen Sie also jede Behauptung. Versuchen Sie, Emotionen auszublenden, und konzentrieren Sie sich auf inhaltliche und sachliche Aspekte.

Umgang mit Kritik/Reklamation

Selbstverständlich kann es auch in den erfolgreichsten Unternehmen immer wieder einmal einen Grund zur Reklamation geben. Gewöhnlich reagieren Menschen, die der Meinung sind, sich beschweren zu müssen, sehr emotional. Ärger und Enttäuschung verändern das vernunftgesteuerte Verhalten. Hier heißt es in erster Linie: Ruhe Bewahren, geraten Sie auf keinen Fall in die selbe Stimmung und stellen Sie Reklamationen niemals in Frage.

> **Handlungsempfehlung**
>
> Entwickeln Sie Empathie und entscheiden Sie situativ, welche Handlungsweise die passende ist.
>
> - Ausreden lassen, aktiv zuhören: *„Das kann ich gut nachvollziehen."*
> - Unklare Situation klären: *„Was genau ist passiert?"*
> - Lösung anbieten: *„Ich kümmere mich sofort darum."* oder *„Ich schreibe mir das auf und leite es weiter."*
> - Kontakt versöhnlich beenden: *„Tut mir leid, dass es Probleme gab."*

Kommunikation mit ausländischen Gästen

„Andere Länder, andere Sitten", dieses Sprichwort hat noch heute seine Gültigkeit. Unverzichtbar für eine erfolgreiche Servicetätigkeit mit ausländischen Gästen ist, sich für die fremde Mentalität zu sensibilisieren und darauf einzugehen. Werfen Sie Vorurteile über Bord und akzeptieren Sie die Vielseitigkeit der Kulturen.

Im Hinblick auf den Umgang mit internationalen Geschäftspartnern kommt hinzu, dass deutsche Geschäftsleute sich oft mit einer sehr ausgeprägten Dienstleistungsmentalität der Besucher konfrontiert sehen.

Fallbeispiel 51
Der „American way of life" ist vor allem vom „keep smiling" geprägt. Ein noch so perfekter Service wird den amerikanischen Geschäftspartner nicht in Wohlbefinden versetzen, wenn derselbe mit einer „Leichenbittermine" ausgeführt wird.

Fallbeispiel 52
Menschen aus expressiven Kulturen haben ein anderes Distanzverhalten als Menschen aus reservierten Gesellschaftsformen. Sie gehen oft weiter auf Ihren Gesprächspartner zu, stellen sich frontal zu ihm und gestikulieren lebhaft.

Handlungsempfehlung

Stellen Sie sich bereits vor dem Gespräch mental darauf ein. Im Fallbeispiel 51 hilft oft eine positive Grundeinstellung, um die Mundwinkel leicht nach oben zu ziehen.

Wenn Sie, wie im Fallbeispiel 52 beschrieben, das Gefühl haben, der Gesprächspartner „baut sich vor Ihnen auf", schrecken Sie nicht zurück. Wechseln Sie das Standbein. So stehen Sie im leichten Winkel zum Gesprächspartner, was die Situation schon wesentlich entschärft.

Kommunikation mit älteren Herrschaften

Mit älteren Menschen korrekt umzugehen erfordert besonderes Taktgefühl. Einerseits erwarten diese Gäste einen der Altersgruppe entsprechenden respektvollen Service. Andererseits wollen sie nicht zu den „Alten" gezählt werden. Die Aufnahmefähigkeit reduziert sich mit zunehmendem Alter aufgrund eventueller Seh- oder Hörschwächen. Das eigene Gespür dafür bringt eine gewisse Unsicherheit für ältere Menschen mit sich, die mancher auch nicht wahrhaben will.

Handlungsempfehlung

Beachten Sie unbedingt die traditionellen Höflichkeitsformen der älteren Generation, sprechen Sie deutlich und lassen Sie möglichst hypermoderne Ausdrücke weg. Seien Sie gegenüber Schwächen wie Schwerhörigkeit besonders taktvoll, auch wenn es zuweilen viel Zeit in Anspruch nimmt.

Kommunikation mit Jugendlichen

Jugendliche sind keine Kinder mehr und auch noch nicht Erwachsene. Ihre Persönlichkeitsbildung ist noch nicht abgeschlossen, daraus kann eine gewisse Unsicherheit entstehen. Sie bilden gern Gruppen, denn in der Gruppe fühlen sie sich sicher. Das Bewusstsein von Jugendlichen für die Dringlichkeit mancher Aufgabe ist oft geringer als bei Erwachsenen. Und doch wollen sie als vollwertige Mitglieder unserer Gesellschaft behandelt werden. Meist sind sie hoch motiviert und wollen mit ihren neuen Ideen frischen Wind in, ihrer Ansicht nach, verkrustete Strukturen bringen.

Handlungsempfehlung

Gehen Sie mit Jugendlichen ebenso respektvoll um wie mit Erwachsenen, dazu gehört auch die Sie-Anrede. Treten Sie nie als Schulmeister auf, lassen Sie sich nicht provozieren und argumentieren Sie stets sachlich.

Übung 11: Erfolgreich kommunizieren

31. Wie verhalten Sie sich korrekt, wenn Ihr Gesprächspartner Ihnen ungewollt nahe kommt?

a. Ich sage höflich aber bestimmt, was mich stört.

b. Ich weiche einfach ein Stück zurück.

c. Ich gehe ebenfalls näher auf ihn zu.

32. Wie verhalten Sie sich auch auf engstem Raum, zum Beispiel dem Lift, höflich?

a. Wenn ich den Raum betrete, grüße ich die bereits Anwesenden freundlich.

b. Ich schaue den Anwesenden nicht direkt in die Augen.

c. Ich bleibe gleich an der Tür stehen und kehre ihnen den Rücken zu.

33. Der Begriff der „deutschen" Sitzordnung besagt ...

a. ... als Gastgeber platziere ich den ranghöchsten weiblichen Gast an meiner rechten Seite.

b. ... als Gastgeberin platziere ich den ranghöchsten männlichen Gast an meiner rechten Seite.

c. ... als Gastgeber platziere ich den ranghöchsten weiblichen Gast an meiner linken Seite.

7. Oft vernachlässigt: Der letzte Eindruck zählt auch

Verabschieden im Geschäftsleben

Vielen Geschäftsleute sind die Formen der Begrüßung bekannt, aber nur wenige machen sich Gedanken darüber, wie sie ihren Gesprächspartnern durch eine korrekte und höfliche Verabschiedung in angenehmer Erinnerung bleiben. Jeder, der auf eine gute Performance bedacht ist, sollte berücksichtigen, dass der letzte Eindruck im Gedächtnis besonders haften bleibt.

> **Reihenfolge beim Verabschieden**
>
> - Der Gast verabschiedet sich von den Gastgebern.
> - Danach verabschiedet er sich vom Vorgesetzten.
> - Danach verabschiedet er sich von dienstälteren Kollegen.

Als Gastgeber

Begleiten Sie Ihre Gäste zum Ausgang. Minimum sollte sein, Ihren Gast bis zur Tür des Besprechungszimmers beziehungsweise Büros zu begleiten. Je weiter Sie Ihre Gäste begleiten, desto höher ist die Wertschätzung. Besonders geschätzte Gäste und Ehrengäste begleiten Sie selbst oder lassen sie bis zum Auto begleiten oder bringen sie sogar zum Bahnhof oder Flughafen. Fragen Sie Ihren Gast, ob Sie noch irgendetwas für ihn tun können, zum Beispiel ein Taxi rufen. Bedanken Sie sich für das Gespräch, den Besuch, das Kommen.

Als Gast

Es sind immer die Gastgeber, von denen Sie sich als erstes verabschieden. Bedanken Sie sich grundsätzlich bei der Verabschiedung für die Einladung oder das Gespräch. Erst dann kommt Ihr Vorgesetzter und danach der dienstältere Kollege, wenn anwesend. Wie Sie sich von den anderen Gästen verabschieden, hängt von der Größe der Veranstaltung ab. Im Kreis bis zu zehn Personen verabschieden Sie sich von jedem Anwesenden persönlich.

Das Ende der Veranstaltung ankündigen

Auch die schönste Veranstaltung geht einmal zu Ende. Als Verantwortlicher haben Sie das Recht und die Pflicht, das Ende der Veranstaltung rechtzeitig bekannt zu geben.

„Meine Damen und Herren, es ist spät geworden und morgen wartet wieder viel Arbeit auf uns." Oder *„Es war ein rundum gelungener Abend, aber es hilf nichts ..."*

Verabschieden bei gesellschaftlichen Anlässen

> **Merke**
>
> - Der Gast verabschiedet sich von den Gastgebern.
> - Danach verabschiedet er sich von seinen guten Bekannten.
> - Danach verabschiedet er sich von den neuen Bekannten.

Diese Reihenfolge hängt jedoch sehr von der Anzahl der Gäste ab. Bei Festlichkeiten in größerem Rahmen können Sie sich auch, nach der Verabschiedung von den Gastgebern, diskret auf den Weg machen. Vermeiden Sie den Eindruck, dass es für die übrigen Gäste ebenfalls Zeit ist zu gehen.

Als Gastgeber
Bei einer Einladung zuhause sollten Sie Ihren Gast auf jeden Fall bis zur Haustür begleiten. Je höher die Achtung für Ihren Gast, desto länger begleiten Sie ihn auf dem Weg. So ist es durchaus üblich, einen Gast bis zum Gartentor beziehungsweise zum Wagen zu begleiten.

Als Gast
Als Gast verabschieden Sie sich immer zuerst von den Gastgebern, im Anschluss daran von den anderen Gästen.

Wann ist es Zeit zu gehen?
Wenn auf Ihrer Einladung „von ... bis" vermerkt ist, sollten Sie spätestens eine halbe Stunde vor dem Ende aufbrechen. Bei allen anderen Einladungen, auf denen lediglich der Anfangstermin bekannt gegeben ist, sollten Sie ein Gespür dafür entwickeln, wann der richtige Zeitpunkt zum Gehen gekommen ist. Folgende Beispiele helfen Ihnen dabei:

Fallbeispiel 53
Bei einer Einladung zum Kaffee oder Tee bleibt man als höflicher Gast circa zwei Stunden.

Fallbeispiel 54
Bei einem After-Work-Cocktail, der zwischen Arbeitsende und Abendessen angelegt ist, bleiben Sie circa zwei Stunden.

Fallbeispiel 55
Bei einer Einladung zum Geschäftsessen am Abend gehen Sie nicht sofort nach dem Menü, bleiben aber auch nicht länger als circa eine Stunde nach dem letzten Gang.

Berücksichtigen Sie diskrete Signale Ihrer Gastgeber. So sollte nicht erst das Gähnen des Gastgebers oder der Hinweis auf das frühe Aufstehen am nächsten Morgen das Signal sein, um sich langsam zu verabschieden.

Sie müssen als Gast früher gehen?
Liegen dringende Gründe vor, um früher gehen zu müssen, so informieren Sie die Gastgeber darüber bereits zu Beginn der Veranstaltung. „Bitte entschuldigen Sie, aber ich fürchte, ich muss heute etwas früher gehen, weil ..."

Ist dann der Zeitpunkt gekommen, halten Sie die Störung der Veranstaltung so gering wie möglich. In größerem Rahmen können Sie sich, nach der Verabschiedung von den Gastgebern, von den restlichen Gästen auf „französisch" verabschieden, das heißt, still und leise verschwinden. So stören Sie den Verlauf der Feierlichkeit nicht unnötig.

Bedanken Sie sich stets für die Einladung, das gute Essen, den schönen Abend.

Sie möchten als Gastgeber die Feier beenden

Gerade wenn Sie am nächsten Tag ein gewaltiges Arbeitspensum erwartet, ist es ratsam, eine Feier nicht bis zum bitteren Ende auszudehnen.

So können Sie beispielsweise nach dem Essen einen Ortswechsel vollziehen. Dies wird häufig von den ersten Gästen als Anlass für die Verabschiedung genommen.

Geschickt ist es auch, vorher mit einem guten Freund einen nicht zu übersehenden Aufbruch zu inszenieren, so dass sich auch andere Gäste diesem anschließen.

Freundliche Worte zum Abschied

Als Gastgeber
- *„Vielen Dank für Ihren Besuch."*
- *„Wir haben uns sehr gefreut, dass Sie es einrichten konnten."*
- *„Schade, dass Sie schon gehen müssen."*
- *„Sie sind jederzeit herzlich willkommen."*
- *„Kommen Sie gut nach Hause."*

Als Gast
- *„Vielen Dank für die freundliche Einladung."*
- *„Sie sind wirklich vorbildliche Gastgeber."*
- *„Wir haben uns bei Ihnen sehr wohl gefühlt."*
- *„Es war ein fantastischer Abend."*

Übung 12:

34. Sie sind zu einer Cocktailparty eingeladen. Welcher Zeitraum ist dafür angebracht?

a. Eine Cocktaillänge, das heißt, ich bleibe nicht länger als eine halbe Stunde.

b. Ich erscheine um 20.00 Uhr und bleibe bis 22.00 Uhr.

c. Ich verabschiede mich spätestens nach zwei Stunden wieder.

35. Sie möchten sich zum Ende eines gesellschaftlichen Anlasses verabschieden. Wie verhalten Sie sich korrekt?

a. Als Gast verabschiede ich mich zuerst von den Gastgebern.

b. Als Gast verabschiede ich mich zuerst von den Gästen, dann von den Gastgebern.

c. Ich rufe den Abschiedsgruß in die Runde.

36. Sie müssen die Feier früher verlassen. Wie regeln Sie das am geschicktesten?

a. Ich verschwinde diskret, ohne Aufsehen zu erregen.

b. Ich kündige dies bereits zu Beginn den Gastgebern an.

c. Ich verabschiede mich von allen Gästen.

8. In der Öffentlichkeit

Mit Stil durch die Erkältungszeit

Wer beruflich auf die Benutzung öffentlicher Verkehrsmittel angewiesen ist oder täglich im Kontakt mit Kunden und Geschäftspartnern steht, läuft schnell Gefahr, sich und andere anzustecken. Wohl dem, der sich zurückziehen und auskurieren kann. Doch was tun die anderen, die trotz Erkältung wichtige geschäftliche Termine wahrnehmen müssen?

> **Kontaktinfektion: Händeschütteln**
>
> Schnupfen- und Grippeviren werden häufig über Kontaktinfektion und Tröpfcheninfektion weitergegeben.
> Zu einer souveränen Selbstdarstellung gehört Rücksichtnahme, das kann manchmal auch bedeuten, bei der Begrüßung aufs Händeschütteln zu verzichten, dann nämlich, wenn man erkältet ist.
> Kontaktinfektion: Sobald eine erkältete Person die Nase berührt oder schnäuzt, gelangen die Viren auf die eigenen Hände. Danach werden sie auf alles weitergegeben, was angefasst wird, zum Beispiel die Hand des Geschäftspartners oder Kollegen. Berührt nun kurz nach dem Handschlag der noch Gesunde Nase oder Mund, gelangen die Viren in sein Atemwegssystem.

Handeln Sie deshalb in Schnupfenzeiten verantwortungsvoll und verzichten Sie aufs Händeschütteln. Jeder verantwortungsbewusste Mensch wird Ihr Verhalten vorbehaltlos akzeptieren.

Fallbeispiel 56
„Sie entschuldigen mich bitte, wenn ich Ihnen die Hand heute nicht gebe, ich bin erkältet."

Tröpfcheninfektion: Hustenreiz

Der rücksichtsvolle Zeitgenosse beugt, gerade bei größeren Veranstaltungen wie Theater oder Konzert, dem Hustenreiz vor. Der Hausarzt hat sicher geeignete Gegenmittel parat.

> **Handlungsempfehlung**
>
> Halten Sie beim Husten ein Taschentuch mit der linken Hand als Schalldämpfer und Tröpfchenfänger vor den Mund.

Tröpfcheninfektion: Schnupfen und Niesen

Wer erkältet ist, muss hin und wieder niesen. Auch beim rücksichtslosen Niesen kann es zur Tröpfcheninfektion kommen. Hierbei werden die Schnupfenviren mit einer Geschwindigkeit von über 100 km/h durch den Raum katapultiert. Erst ab einem Abstand von über fünf Metern zu einem Niesenden ist man vor einer Infektion sicher. Jeder Pechvogel innerhalb dieses Radius atmet die Viren unbewusst ein, wo sie über die Nasenschleimhaut ihr neues Opfer anstecken.

> Um Ihre Mitmenschen vor diesen schnellen, weit fliegenden Viren zu schützen, wird das Niesen häufig unterdrückt. Tun Sie es nur in Ausnahmefällen, denn Niesen ist ein Schutzreflex mit reinigender Wirkung. Mit jedem Niesen werden Viren und Bakterien aus der Nase regelrecht herausgeschleudert. Beim unterdrückten Niesen baut sich außerdem in den Atemwegen ein so hoher Druck auf, dass Schleimhäute, Nasennebenhöhlen und Mittelohr geschädigt werden können.

Der Niesreiz kommt oft unerwartet und in unerwünschten Situationen, dem kann aber mit folgenden Tricks zuverlässig vorgebeugt werden:

- Pressen Sie die Zunge fest an den Gaumen, in den meisten Fällen verschwindet dann der Niesreiz.
- Drücken Sie die Nasenspitze leicht nach oben, auch das lässt den Niesreflex verschwinden.
- Beim ersten Bemerken des Niesreflexes den Zeigefinger horizontal unter der Nase gegen den Bereich über der Oberlippe drücken, dies gilt ebenfalls als Geheimrezept gegen das Niesen.

Niesen Sie rücksichtsvoll

Das laute Niesen und der anschließende Kommentar haben einen deutlichen gesellschaftlichen Abstieg hinter sich. Vorbei sind die Zeiten, in denen sich der Herr nach einer „Prise" Schnupftabak geräuschvoll die Nase putzte und die umstehende Gesellschaft herzlichst „Gesundheit" wünschte. Heute ist man vielmehr der Meinung, dass sich wohl eher die Umstehenden aus oben genannten Gründen Gesundheit wünschen sollten, vor allem dann, wenn sich der Niesende kein Taschentuch vor Mund und Nase hält.

Weitaus wichtiger als die oft gestellte Frage, ob heute noch „Gesundheit" gewünscht werden sollte oder ob man es besser bleiben lässt, ist aus meiner Sicht der Anspruch, sich als „Niesender" korrekt zu verhalten. Schließlich möchte keiner gerne Ihre Tröpfchen abbekommen.

- Stehen Sie mit Menschen zusammen und verspüren einen Niesreiz, dann wenden Sie sich von den anderen ab.
- Sitzen Sie zwischen mehreren Personen, so rücken Sie zunächst mit Ihrem Stuhl etwas nach hinten und neigen sich dann auf die linke Seite.
- Halten Sie beim Niesen ein Stofftaschentuch vor Mund und Nase.
- Falls eine Niesattacke droht und keine Zeit bleibt, das Taschentuch zu zücken, halten Sie zumindest die ausströmenden Viren mit dem linken Handrücken beziehungsweise dem linken Ärmel zurück.

> **Handlungsempfehlung**
>
> Sie fragen sich vielleicht, warum auf die linke Seite Neigen? Nun, der im Rang niedrigere Sitznachbar sitzt an Ihrer linken Seite. Und warum die linke Hand? Schließlich ist es für Ihren Gesprächspartner alles andere als angenehm, wenn Sie ihm zum Abschied Ihre bazillenverseuchte rechte Grußhand reichen.

So wünschen Sie Gesundheit

> Tut man das heute noch? Oder gehört diese Floskel nicht längst schon in die Mottenkiste? Niesen als solches gilt nicht gerade als vornehm, auch wenn es als Reflex kaum zu steuern ist. Manchem Niesenden ist dieser Lapsus peinlich. Versuchen Sie, in der Haltung Ihres Gegenübers zu lesen und seine Situation einzuschätzen.

Fallbeispiel 57

Geht der Niesende selbst über sein Niesen hinweg, so überhören Sie es am besten ebenfalls diskret, um ihn nicht in Verlegenheit zu bringen. Macht er eine entschuldigende Geste oder legt eine Pause ein, dann wünschen Sie ihm mit einem freundlichen Lächeln „Gesundheit".

Fallbeispiel 58
Arbeiten Sie in einem Team, in dem man sich grundsätzlich nach dem Niesen „Gesundheit" wünscht, so passen Sie sich den Gepflogenheiten an. Müssen Sie selbst niesen, so kann es nicht schaden, sich kurz zu entschuldigen.

Schnäuzen Sie sich diskret
Optisch wirkt ein sauberes und gebügeltes Stofftaschentuch sehr viel stilvoller als ein Papiertaschentuch. Damen bewahren es in der Handtasche und Herren entweder in der Innentasche des Jacketts oder in der rechten Hosentasche auf. Es dient dazu, Schweißperlen oder Tränen der Rührung abzuwischen. Zum Schnäuzen steigen Sie auf die hygienischeren Papiertaschentücher um. Diese können Sie nach Gebrauch in einem geschlossenen Mülleimer entsorgen, während ein Stofftaschentuch durch mehrmaliges Schnäuzen zur echten Bazillenschleuder wird.

Trompeten Sie bitte nicht wie ein Elefant. Halten Sie sich besser abwechselnd je ein Nasenloch zu, und schnauben Sie ohne viel Kraftaufwand in Ihr Taschentuch. Dies verringert abgesehen vom ästhetischeren Eindruck die Entzündungsgefahr weil durch zu hohen Druck das Sekret in die Nebenhöhlen gelangen kann.

Bei Tisch sollte das Naseputzen soweit möglich vermieden werden. Der höfliche Gast verlässt zum Naseputzen den Tisch. Lässt sich das Schnäuzen in Gesellschaft partout nicht vermeiden, so halten Sie die Belästigung der anderen so gering wie möglich.

Handlungsempfehlung
- Wenden Sie sich in der Gruppe von den Umstehenden ab.
- Bei Tisch neigen Sie sich leicht nach hinten, um die Sitznachbarn so wenig wie möglich zu belästigen.
- Bei einer Erkältung oder einer Allergie kann Ihnen Ihr Arzt sicher ein Mittel zur zeitweiligen Ruhigstellung der Nase geben.

Dass man nach dem Niesen oder Schnäuzen dem Gegenüber nicht die Hand reicht, erklärt sich von selbst.

Ablegen des Mantels

Es ist höflich, einen Besucher zu fragen, ob er den Mantel ablegen möchte. Hierbei ist der Gastgeber, männlich oder weiblich, dem Gast beim Ablegen behilflich: *„Wenn Sie ablegen möchten, dürfen Sie mir den Mantel gern geben"*. Diese Formulierung gibt dem Gast die Möglichkeit selbst, zu entscheiden, ob der Gastgeber Hand anlegen darf oder lediglich den Mantel zur Aufbewahrung entgegen nimmt.

Fallbeispiel 59
Sie betreten die Garderobe eines Restaurants mit einigen Geschäftspartnern, die Sie eingeladen haben. Je nach Größe der Gruppe ist es ratsam, bereits bei Buchung des Tisches dafür zu sorgen, dass Ihnen Servicepersonal beim Ablegen der Mäntel zur Verfügung steht. Der Gastgeber nimmt seinen Gästen die Mäntel ab und gibt diese an den Service weiter. Die Mitarbeiter des Restaurants tragen dafür Sorge, dass die Kleidungsstücke

sorgsam aufbewahrt werden. Als letztes gibt der Gastgeber seinen Mantel ab.

Fallbeispiel 60
Sie verlassen das Restaurant nach einem gelungenen Business-Dinner. In der Garderobe zieht zuerst der Gastgeber seinen Mantel an, der Service holt die Mäntel der Gäste in der Zwischenzeit und gibt diese dem Gastgeber, der wiederum seinen Gästen beim Anziehen zur Hand geht.

Siezen und Duzen

Während in der Studentenbewegung Mitte der sechziger Jahre das DU noch ein Gefühl der Offenheit und Progressivität erzeugte, wird es heute oftmals als aufdringlich empfunden, wenn einem selbst an öffentlichen Plätzen wie Kaufhäusern oder in Lokalen so viel Vertrautheit entgegengebracht wird. Das DU ist eine Auszeichnung, die Sie nicht an x-beliebige vergeben sollten. Heute wirkt es sowieso eher naiv offen. Etwas mehr Distanz, gerade zu Unbekannten oder gegenüber bestimmten Leuten, kann im entscheidenden Augenblick sehr wohltuend sein, denn mit dem SIE wird manchmal auch die Höflichkeit abgelegt.

Das DU im Geschäftsleben
Das Duzen erfordert gerade im Geschäftsleben Fingerspitzengefühl. Sie sollten sich gut überlegen, wem Sie es anbieten.

Wer bietet wem das DU an?
- Der Vorgesetzte bietet dem Mitarbeiter das DU an.
- Der Dienstältere bietet dem Dienstjüngeren das DU an.

Als Mitarbeiter sollten Sie dem Vorgesetzten das DU nicht anbieten. Sie dürfen im Gegenzug aber auch erwarten, selbst nicht einfach geduzt zu werden. Es wird von Jüngeren oft als unangenehm empfunden, wenn sie geduzt werden, bloß weil Sie jünger sind, zum Beispiel der Praktikant vom Abteilungsleiter.

Selbst wenn Ihnen das DU auf der heiter-ausgelassenen Betriebsfeier vom Vorgesetzten angeboten wird, führt dies nicht zwangsläufig dazu, dass dieselbe vertraute Anrede am nächsten Tag noch Gültigkeit hat. Warten Sie am nächsten Morgen ab, wie Sie Ihr Vorgesetzter anspricht. Das oft unüberlegt eingesetzte DU bei inoffiziellen Veranstaltungen sollte nicht als Aufforderung zum generellen DU für den Geschäftsalltag missverstanden werden.

Arbeiten Sie in einem Team, in dem sich alle duzen, dann gilt es, sich anzupassen und trotzdem oder gerade deswegen vermehrt auf höfliche Umgangsformen zu achten. Diskretion und Einhaltung der firmeninternen Regeln dürfen mit dem DU nicht an Wert verlieren.

Andererseits sollte aber auch die distanzierte Anrede SIE zur Situation passen. SIE ist stets angebracht unter Geschäftsleuten, unter Personen, die einander erst kennenlernen, oder gegenüber Personen, die uns näher kommen wollen als uns lieb ist.

Duzen bei Verhandlungen mit Geschäftspartnern

Es gibt Situationen, in denen Duzen und Siezen neu aufgestellt werden. So ist es durchaus üblich, dass Kollegen, die im ungezwungenen sozialen Kontakt per DU sind, sich im offiziellen Sprachverkehr, zum Beispiel bei Gesprächen mit Kunden, siezen.

> **Das DU bei gesellschaftlichen Anlässen**
> - Die Dame bietet dem Herren das DU an.
> - Die Ältere bietet dem/der Jüngeren das DU an.
> - Der Ältere bietet dem Jüngeren das DU an.
> - Der Ältere bietet der wesentlich Jüngeren das DU an.

Als Geste zum Duzen bietet sich das Anstoßen mit einem, auch nicht-alkoholischen, Getränk an. Lassen Sie sich jedoch niemals auf die schmeichelhafte Art und Weise zum DU zwingen. Bleiben Sie so lange beim SIE, wie Sie es für richtig halten. Beachten Sie dabei aber, dass es als verletzend empfunden werden kann oder als persönliche Zurückweisung.

Fallbeispiel 61
Ein Geschäftspartner bietet Ihnen bei einem lockeren, semiformalen Anlass das DU an. „Vielen Dank für das freundliche Angebot. Bitte verstehen Sie, dass ich gegenüber allen meinen Geschäftspartnern gleichermaßen beim SIE bleiben möchte."

Fallbeispiel 62
Ein Kollege bietet Ihnen vorschnell das SIE an. „Vielen Dank für das Angebot, aber ich möchte Sie erst noch besser kennen lernen."

Stilblüten?

Das sogenannte „Hamburger Sie" ist eine Form der Anrede, bei der man jemanden beim Vornamen nennt und dazu siezt: „Wolfgang, komm Sie bitte mal?" Es wird im Alltag verwendet, wenn eine Person vertraut und sympathisch ist, man aber kein privates Verhältnis zu ihr hat.

Das Gegenstück des „Hamburger Sie" ist das „Berliner Du", bei dem im Alltag geduzt und mit dem Nachnamen angesprochen wird, zum Beispiel „Herr Neumann, kommst du bitte mal?"

Außerhalb dieser regionalen hanseatischen beziehungsweise berlinerischen Tradition wirken diese Anredeformen oft befremdlich.

Duzen im Privatleben

Vom Allerwelts-DU zum ausgewählten SIE

Sollten Bekannte der Eltern oder Nachbarn erwachsen werdende Kinder weiter duzen? Für viele junge Leute besteht eine Hemmschwelle, das SIE von Erwachsenen einzufordern. Deshalb liegt es in der Verantwortung älterer Menschen, die Initiative zu ergreifen.

Fallbeispiel 63
Einen genau festgelegten Zeitpunkt gibt es dafür nicht, aber der 18. Geburtstag empfiehlt sich, um das Thema anzusprechen: „Du bist nun erwachsen, es erscheint mir passend, sie zu siezen."

Fallbeispiel 64
Sie bieten dem jungen Menschen das DU an. Widerspricht er dem Vorschlag nicht, ist die Situation geklärt. Wichtig ist, dass Sie sich, in der Vorbildfunktion, daran halten.

Fallbeispiel 65
Eine Familie zog vor 10 Jahren mit ihrem damals 11 Jahre alten Sohn um. Nun treffen Sie die Familie wieder, das Kind ist nun 21 Jahre alt. Dies wäre der geeignete Zeitpunkt, zum SIE zu wechseln.

Der Wechsel in die Welt der Erwachsenen ist ein entscheidender Moment im Leben von jugendlichen Menschen und sollte entsprechend gewürdigt werden. Bleibt dies unausgesprochen, besteht die Gefahr, dass das einseitige Duzen auf Dauer als herablassend empfunden wird.

Danksagen

Danke zu sagen für eine scheinbar alltägliche Leistung, eine Information oder Hilfe, gehört leider nicht mehr zu den Selbstverständlichkeiten im höflichen Umgang mit unseren Mitmenschen. Dabei bietet diese kleine verbale Geste die Möglichkeit, eine Geschäftsbeziehung positiver zu gestalten. Man schafft damit eine gute Kommunikationsbasis für schwierige Zeiten, die es auch in den besten Geschäftsbeziehungen einmal gibt.

Erwartet wird ein Dank auf jeden Fall nach Glückwünschen, Geschenken, Einladungen und Beileidsbezeugungen. Je individueller Sie den Dank für solche Standardanlässe formulieren, desto positiver kommt er beim anderen an.

Fallbeispiel 66
„Wir haben ja eine Ewigkeit nichts mehr voneinander gehört. Umso mehr habe ich mich gefreut, eine Geburtstagkarte von dir zu bekommen."

Fallbeispiel 67
„Ganz herzlichen Dank für den Blumenstrauß zu meinen Geschäftsjubiläum. Er hat einen Ehrenplatz auf meinem Sideboard bekommen."

Fallbeispiel 68
„Vielen Dank für die Einladung zur Geburtstagsfeier. Meine Frau und ich haben uns sehr darüber gefreut und kommen gern."

Fallbeispiel 69
„Ich danke Ihnen sehr für Ihre tröstenden Worte. Es ist gut zu wissen, dass seine Vereinskollegen Anteil nehmen."

Abgesehen von den klassischen Anlässen gibt es im Geschäftsalltag viele Gelegenheiten, sich zu bedanken, zum Beispiel geleistete Überstunden, erfüllte Sonderwünsche, gute Tipps und Hilfe. Mit ein paar netten Worten oder mit einem kleinen Geschenk lässt sich die Zusammenarbeit sehr viel sympathischer gestalten.

Fallbeispiel 70
Bleibt ein Kollege unaufgefordert länger, um Ihnen bei einer dringenden Aufgabe zu helfen: „Herzlichen Dank, dass Sie mir Ihren Feierabend geopfert haben."

Fallbeispiel 71
Ein Lieferant erledigt schnell und unbürokratisch eine zusätzliche Arbeit: „Ich möchte mich noch einmal ganz herzlich dafür bedanken, dass Sie die aufwendige Sonderanfertigung so schnell möglich gemacht haben. Dadurch konnten wir unseren engen Terminplan einhalten."

Fallbeispiel 72
Ein Kollege gibt Ihnen einen besonderen Tipp: „Vielen Dank, dass Sie an mich gedacht haben, als Sie die Website für ... entdeckten."

Fallbeispiel 73
Jemand kommt Ihnen unerwartet zu Hilfe: „Dass Sie in dieser Situation nicht auf die Vorschriften gepocht haben, ist keineswegs selbstverständlich und hat den Arbeitsablauf sehr verkürzt, nochmals vielen Dank dafür."

Platz nehmen

Im Theater/Kino

Es hat schon fast etwas Faszinierendes, dass sich die letzten freien Plätze immer in der Mitte der Stuhlreihe befinden und dass diese Plätze immer erst nach dem Beginn der Vorstellung von den zu spät Kommenden eingenommen werden.
Wenn es sich schon nicht vermeiden lässt, auf die letzte Minute einzutreffen, dann schieben Sie sich bitte rücksichtsvoll durch die Sitzreihen.

Fallbeispiel 74
Der Herr geht voraus. Achten Sie darauf, dass Sie den aufgestandenen Personen das Gesicht zuwenden. Ein leises „Entschuldigung" oder „Danke" ist das Mindeste, was Sie dem pünktlichen Sitznachbarn schuldig sind.

Übung 13:

37. Der Gastgeber, an der Tafel sitzend, muss niesen. Was sagen Sie?

a. „*Gute Besserung*", da er wahrscheinlich erkältet ist.

b. Gar nichts, um ihn nicht noch mehr in Verlegenheit zu bringen.

c. „*Gesundheit*", denn das ist allgemein üblich.

38. Bei einem heiter-ausgelassenen Betriebsfest bietet Ihnen Ihr Chef das DU an. Wie verhalten Sie sich am nächsten Morgen?

a. Ich begrüße ihn freundschaftlich mit Vornamen und duze ihn.

b. Ich grüße freundlich, warte aber ab, wie er mich anspricht.

c. Ich kehre automatisch zum SIE zurück.

39. Sie kommen zu spät ins Kino oder Theater, die Vorstellung hat bereits begonnen. Wie gehen Sie zu Ihrem Platz?

a. Ich gehe mit dem Rücken den Sitzenden zugwandt auf meinen Platz.

b. Ich gehe mit dem Gesicht den Sitzenden zugewandt durch die Reihe.

c. Ich warte höflich bis zur nächsten Pause.

9. Stolperfalle Businesslunch

Essen und Trinken ist mehr als nur Nahrungsaufnahme, es bietet die Möglichkeit, in gemütlicher und entspannter Atmosphäre mit Geschäftspartnern und Bekannten zu kommunizieren. So haben gepflegte Gastlichkeit und gute Tischsitten heute wieder Hochkonjunktur. Längst hat man festgestellt, dass sie keine leeren Gesten sind, sondern ein gewisses Maß an Kultiviertheit und Gastlichkeit vermitteln.

Die Bedeutung guter Tischmanieren erkennt man auch daran, dass immer mehr Anwärter für Führungspositionen, zum Beispiel in einem Assessment-Center, nicht nur fachlich, sondern auch gesellschaftlich getestet werden. In mehrtägigen ACs beispielsweise werden die Bewerber zum Essen eingeladen. Hier heißt es gute Tischmanieren zeigen.

In der Garderobe

Fallbeispiel 75
Der Gastgeber trifft mit seinen Gästen gemeinsam im Restaurant ein. In diesem Fall werden die Mäntel an der Garderobe abgegeben, wobei traditionell der Gastgeber den Gästen aus dem Mantel hilft. Bei größeren Gruppen gibt der Gastgeber die Mäntel an das Servicepersonal weiter, diese sorgen für eine ordnungsgemäße Aufbewahrung. Zum Schluss hilft das Servicepersonal dem Gastgeber aus dem Mantel.

Die veränderten gesellschaftlichen Werte erlauben heute auch der Geschäftsfrau, dem Herrn aus dem Mantel zu helfen, darauf bestehen sollte sie, gerade bei älteren Herren, jedoch nicht.

Im Restaurant

Beim Betreten des Gastraumes geht der Gastgeber vor und hält die Tür für seine Gäste auf. Haben alle Personen die Tür passiert, geht der Gastgeber wieder voraus an den Tisch. Führt ein Ober die Gruppe an den Tisch, so wird er vorausgehen, ihm folgen die Gäste und der Gastgeber bildet das Schlusslicht. Überlassen Sie Ihren Gästen die Wahl der Plätze, die meisten Menschen möchten zwar mit dem Rücken zur Wand Platz nehmen, aber Ausnahmen bestätigen die Regel. Seien Sie, wenn es die räumlichen und zeitlichen Gegebenheiten zulassen, Ihren Gästen beim Platznehmen behilflich.

Voraussicht

Sich als Gastgeber vor dem Termin ein erprobtes Restaurant auszusuchen, ist selbstverständlich. Betonen Sie jedoch bei der Reservierung, dass der Tisch sich nicht in der Nähe einer Tür, dem Eingang zur Küche oder auf dem Weg zur Toilette befinden darf.

Bei Tisch

Auch wenn der Abstand zum Tisch die Gefahr des Kleckerns erhöht, sitzt man mit circa einer Handbreite Spielraum zwischen Oberkörper und

Tischkante bei Tisch. Die Hände liegen bis zur Handkante auf dem Tisch, die Ellbogen werden nicht aufgestützt.

Alles will gelernt sein, insbesondere die Stellung der Füße unter dem Tisch. Verschränken Sie diese nicht unter der Sitzfläche, strecken Sie Ihre Füße auch nicht bis unter den Stuhl Ihres Gegenübers und ziehen Sie vor allem nicht Ihre Schuhe aus, ganz gleich wie eng und unbequem diese sind.

Jede Dame hat ihren Tischherren – links von sich – der für ihr Wohl während des Menüs sorgt, zum Beispiel ist er ihr beim Setzen und wieder Aufstehen behilflich und achtet darauf, dass das Glas seiner Dame nicht leer wird.

Trommeln Sie bitte nicht mit den Fingern auf dem Tisch und vermeiden Sie auch darüber hinaus laute Geräusche, wie Klappern mit dem Besteck, lautes Husten, Schlürfen, Schmatzen.

Handelt es sich um ein Essen mit Menüwahl, so bestellt jeder Gast für sich. Der Gastgeber kann Vorschläge machen, beziehungsweise Empfehlungen zu Spezialitäten des Hauses geben. Der Gast darf den Gastgeber fragen, was er empfehlen kann, so kann das ungefähre Preisniveau eingehalten werden. Wenn alle Speisekarten zugeklappt sind, ist dies das Zeichen für den Service, dass jeder Gast seine Wahl getroffen hat.

Die Serviette wird nach der Bestellung halb gefaltet, dreieckig oder rechteckig, und mit der Öffnung zum Körper auf den Schoß gelegt. Es sei denn, Sie nehmen an einem Bankett oder Empfang teil; dann legen Sie die Serviette unmittelbar nach dem Platznehmen auf den Schoß. Tupfen Sie Ihre Lippen jedes Mal vor dem Trinken an der Serviette ab.

Der erste Schluck steht dem Gastgeber zu, der erste Bissen der Gastgeberin. Nachdem der Gastgeber mit erhobenem Glas einen kurzen Trinkspruch angebracht hat, ist die Tafel eröffnet. Das „Prost" oder „Prosit" gehört zum Bier, beim Genuss von Wein sagt man „Zum Wohle". Halten Sie das Weinglas am Stiel und vermeiden Sie nach Möglichkeit, den kleinen Finger abzuspreizen. Sind mehrere Gläser eingedeckt, so verwenden Sie diese von rechts nach links, wobei das Glas zuerst benutzt wird, das dem Gast am nächsten steht.

Gegessen wird erst, wenn jeder am Tisch seine Speisen erhalten hat. Die Lage des Bestecks entspricht der Speisenfolge, verwenden Sie diese stets von außen nach innen. Der Brotteller und alles weitere, das zu Ihrem Platz gehört, wird links von Ihrem Set eingestellt. Einmal aufgenommen, sollte das Besteck nicht wieder das Tischtuch berühren. Wenn Sie es während des Essens ablegen wollen, legen Sie es in den Teller hinein, das vermeidet Soßen- beziehungsweise Fettflecken.

Wo Aschenbecher stehen, können Sie davon ausgehen, dass geraucht werden darf. Sie sollten aber auch bedenken, dass nicht nur Ihre eigenen Geschmacksnerven unter dem Nikotingenuss leiden. Warten Sie deshalb bis nach dem Dessert und fragen Sie, ob einer der Anwesenden etwas dagegen hat, dass Sie bei Tisch rauchen. Toleranz beweist der Raucher, der vermeidet, andere Menschen durch seinen Rauch zu belästigen.

Die Rechnung bitte

Entsprechend dem Anlass sollte bereits vor dem Essen klar sein, wer die Rechnung übernimmt oder ob die Rechnung aufgeteilt werden soll. Geben Sie dies rechtzeitig dem Kellner mit der Bestellung bekannt. Ansonsten geht das Servicepersonal von folgender Grundregel aus: Derjenige, der bestellt, bezahlt auch.

Übernimmt der Gastgeber die Rechnung, wird diese vom Oberkellner vorbereitet und am Tresen bereit gelegt. Hier kann der Gastgeber die Rechnung abseits des Tisches prüfen und bezahlen, etwaige strittige Posten auf der Rechnung können diskret geklärt werden.

Waren Sie mit der Qualität der Speisen und dem Service zufrieden, geben Sie ein angemessenes Trinkgeld. Bedenken Sie dabei nicht nur die finanzielle, sondern auch die menschliche Seite dieser Geste. Das Trinkgeld ist als Dankeschön gedacht und sollte von ein paar anerkennenden Worten begleitet werden. Das Trinkgeld für eine gute Leistung liegt, je nach Höhe der Gesamtrechnung, zwischen fünf und zehn Prozent des Betrages.

Würdigen Sie das Essen mit kurzen, lobenden Worten, danken Sie als Gastgeber Ihren Gästen für die Anwesenheit und als Gast dem Gastgeber für die freundliche Einladung.

10. Auf Reisen

Mit dem PKW

Im Geschäftsleben
Wer beruflich viel unterwegs ist, kennt die besondere Notwendigkeit von Höflichkeit und Rücksichtnahme gegenüber den Mitmenschen, denen man auf seinem Weg begegnet. Beispielsweise die Gebote guten Benehmens am Steuer und als Beifahrer.

Selbstfahrer
Bei geschäftlichen Anlässen gilt die Rangordnung, das heißt, der ranghöchste Beifahrer darf den besten Platz für sich beanspruchen. Dies ist, wegen der guten Sicht und ausreichenden Beinfreiheit in den meisten Fällen der Beifahrersitz. Der nächste Platz in der Rangordnung ist der hinten rechts, der dritte Beifahrer sitzt hinten links.

Der Fahrer öffnet den Fahrgästen beim Ein- und Aussteigen die Tür, beginnend auf der Beifahrerseite. Dies setzt die guten Manieren und genügende Geduld der Fahrgäste voraus. Diese Höflichkeitsregel wird heute aus Zeitgründen oft vernachlässigt.

Taxifahrt
Grüßen Sie den Taxifahrer freundlich, auch er ist ein Mensch, der ein Anrecht auf höflichen Umgang hat. Fahren Sie mit Ihren Geschäftspartnern in einem Taxi, so ändert sich die Sitzordnung: Der bevorzugte Platz ist hinten rechts. Daneben befindet sich Platz Nr. 2 und der unbeliebteste Platz ist neben dem Fahrer.

Grundsätzlich ist Trinkgeld eine finanzielle Form der Anerkennung und eine freiwillige Leistung des Fahrgastes. Für viele Taxifahrer sind Trinkgelder ein wichtiger Bestandteil ihres Einkommens.
Bei gutem Service runden Sie je nach Höhe der Rechnung auf. Zum Beispiel 5,30 Euro auf 6,00 Euro und 23,60 Euro auf 25,00 Euro.

Vor oder nach gesellschaftlichen Anlässen

Selbstfahrer
Hier gibt es eine Faustregel, die besagt: Die Frau des Mannes am Steuer kann jederzeit den Beifahrersitz beanspruchen. Die Variante, dass Herren die Vordersitze und Damen die Rücksitze einnehmen, liegt im eigenen Ermessen.

Tabu:
Rätselhaft ist die offensichtliche Annahme vieler Autofahrer, die Scheiben ihres Wagens seien blickdicht. Sie wissen, was ich meine? Seien Sie sich gewiss, was Sie auch im Auto tun, es kann von außen gesehen werden.

Taxifahrt
Ins Taxi wird der Herr so einsteigen, dass er vor der Dame aussteigen kann, um ihr beim Aussteigen behilflich zu sein. Nach der Taxifahrt bleibt die Dame, sofern nicht jeder seinen Anteil selbst bezahlt, so lange im Taxis sitzen, bis der Herr bezahlt hat.

Falls Sie als Gast vom Chauffeur der Gastgeber gefahren werden, so ist in diesem Fall das Geben von Trinkgeld nicht üblich.

Im Zug

Behandeln Sie grundsätzlich alle Menschen, denen Sie begegnen, mit Respekt. Dazu hat man im Alltagsstress nicht immer Muße? Dann bedenken Sie bitte, dass man sich immer zweimal im Leben begegnet. So könnte zum Beispiel der Zugbegleiter als potenzieller Kunde zu Ihnen kommen. Besser, Sie behandeln Dienstleister nicht von oben herab.

Jeder Mensch verdient in seiner Position Respekt/Rücksichtnahme!

- Grüßen Sie die Zugbegleiter und ebenso Ihren Sitznachbarn freundlich und schenken Sie Ihnen ein Lächeln.
- Mehr Raum als den eigenen Sitzplatz einzunehmen, ist rücksichtslos.
- Falls Sie einen Anruf erhalten, stellen Sie sicher, dass Sie die laufende Unterhaltung oder die Ruhe der Sitznachbarn nicht stören, ansonsten verlassen Sie den Platz.
- Reduzieren Sie den Klingelton auf ein erträgliches Maß.
- Drängen Sie Ihren Mitreisenden kein Gespräch auf, sondern achten Sie auf deren nonverbale Signale, zum Beispiel könnte ein Lächeln des Gegenübers eine Aufforderung zum Gespräch sein.
- Schlägt er dagegen eine Zeitung auf oder schaut aus dem Fenster, könnte es bedeuten, dass er nicht reden möchte.
- Entsorgen Sie Ihren Müll spätestens beim Aussteigen selbst.

Zugbegleiter nehmen Trinkgeld an. Hilft Ihnen beispielsweise ein Mitglied des Zugpersonals mit dem Koffer, so ist ein Trinkgeld durchaus angebracht.

Versorgt Sie der Zugbegleiter über die Fahrkarten hinaus mit Erfrischungen, so gelten die Trinkgeldgepflogenheiten der Gastronomie, das heißt, je nach Höhe der Rechnung auf die nächsten 50 Cent oder den ganzen Euro aufrunden.

Im Flugzeug

Gute Manieren sorgen für ein entspanntes Reisen. Mit etwas mehr Rücksichtnahme könnten viele Reisen wesentlich angenehmer verlaufen.

- Grüßen Sie die Flugbegleiter ebenso freundlich wie Ihren Sitznachbarn und schenken Sie Ihnen ein Lächeln.
- Nehmen Sie sich maximal eine angebotene Tageszeitung. Es wirkt gierig, sich gleich mehrerer Zeitungen zu bedienen.
- Setzen Sie Düfte sparsam ein. Der Raum im Flugzeuginneren ist zu eng, als dass jeder Gast in Düften schwelgen könnte, ohne dass es eine ungenießbare Mischung ergäbe. Von Knoblauch-, Zwiebel- und Schweißgeruch ganz zu schweigen.
- Nehmen Sie beim Aufstehen Rücksicht auf ihren Vordermann, indem Sie sich weitestgehend am eigenen Sitz abstützen.

Flugbegleiter erfüllen die Funktion des Gastgebers für die jeweilige Airline und sind angewiesen, kein Trinkgeld anzunehmen. Ein freundliches Lächeln und ein Dankeschön bei gutem Service nehmen Sie gern entgegen.

Im Hotel

Der Gast ist König, manchmal leider mit dem Benehmen eines Trampels. Während von Mitarbeitern im Gastgewerbe Freundlichkeit und Höflichkeit als Berufsfertigkeiten erwartet werden, könnte so mancher Gast durchaus Nachhilfe in punkto gutes Benehmen gebrauchen.

„Wie Du kommst gegangen, so wirst Du auch empfangen." Dies gilt selbstverständlich auch für die Einordnung eines Hotelgastes durch das Empfangspersonal. Je kultivierter Sie auftreten, umso rücksichtsvoller und höflicher werden Sie bedient. Auffallen sollten Sie nur durch gutes Benehmen und nobles Understatement.

Seien Sie sich von vornherein im Klaren darüber, in welcher Hotelklasse Sie absteigen und welchen Service Sie erwarten können. Hotels der gehobenen Kategorie legen Wert darauf, dem Gast jeglichen Service zu bieten, nehmen Sie diese Dienste an und bedanken Sie sich dafür mit einem Trinkgeld.

Handlungsempfehlung

Es macht von Anfang an einen guten Eindruck, wenn Sie das Service-Personal nicht wie Leibeigene behandeln. Auch wenn sie für ihre Dienste bezahlt werden, sind sie doch zu respektierende Mitmenschen.

Auch wenn Hotels oberer Kategorie Wert darauf legen, dem Gast alle Wünsche zu erfüllen, sollte der sich an einige selbstverständliche Regeln halten. Absolut unzumutbar ist beispielsweise für jeden Zimmernachbarn der extrem hohe Geräuschpegel durch TV und Radio nach 22.00 Uhr.

Auch zählt es, entgegen der weit verbreiteten Meinung, nicht zu den Kavaliersdelikten, Wäsche, Einrichtungsgegenstände oder Geschirr mitgehen zu lassen. Außer den kleinen Aufmerksamkeiten des Hauses, wie bereitgestellte Kosmetikartikel, ist nichts zum Mitnehmen gedacht, es sei denn, es wurde unmissverständlich als solches deklariert. Besonders unangenehm bleiben die Gäste in Erinnerung, die das Hotelzimmer und Bad in einem unzumutbaren Zustand hinterlassen.

Wer bekommt ungefähr wie viel Trinkgeld?	
Wagenmeister, Doorman: Einparken des Wagens	ab 2,00 Euro
Hausdiener, Kofferboy: Gepäck ausladen und auf das Zimmer bringen	ab 1,00 Euro pro Gepäckstück
Concierge, Portier: Besondere Dienstsleistungen wie Theaterkarte, Auskünfte etc.	ab 10,00 Euro
Hauspage: Für Botengänge	ab 2,00 Euro
Zimmermädchen, House-Keeping: Reinigung des Hotelzimmers	ab 1,00 Euro pro Tag
Zimmerservice, Room-Service: Die auf dem Beleg vermerkten Aufschläge sind Bedienungspauschalen, aber kein Trinkgeld	ab 2,00 Euro
Gastronomie-Service: an der Bar, im Restaurant	5 bis 10 Prozent

Übung 14:

40. Der beste Platz für Gäste im eigenen PKW befindet sich …

a. … hinter dem Fahrer.

b. … neben dem Fahrer.

c. … hinter dem Beifahrer.

41. Was sind selbstverständliche Rechte und Pflichten des stil- und rücksichtsvollen Hotelgastes?

a. Er vermeidet lautes Radio oder TV nach 22.00 Uhr.

b. Er beschwert sich lautstark, wenn ihm etwas nicht passt.

c. Er weiß, dass man kein Trinkgeld mehr auf dem Zimmer lässt.

42. Welche Aussage bezüglich der Trinkgeldvergabe ist korrekt?

a. Der Zugbegleiter darf Trinkgeld annehmen.

b. Der Flugbegleiter darf Trinkgeld annehmen.

c. Der Zugbegleiter darf kein Trinkgeld annehmen.

11. Kleider machen Leute – Das passende Business-Outfit

Wir alle denken gerne, dass das Aussehen der anderen unser Urteil über sie nicht beherrscht, oder umgekehrt, dass deren Urteil über uns durch Äußerlichkeiten nicht beeinflusst wird. Die Verpackung jedoch – und nichts anderes ist Ihr äußeres Erscheinungsbild – bestimmt wesentlich Ihren persönlichen und somit auch Ihren geschäftlichen Erfolg mit.

Textile Signale sind unübersehbare Botschaften bezüglich Position und gelebter Werte. Wer mit solchen nonverbalen Kommunikationsmitteln umzugehen weiß, kann in jeder geschäftlichen und gesellschaftlichen Situation Punkte sammeln. Nutzen Sie die Chance eines überzeugenden textilen Auftritts.

Garderoben-Standards

Um die Investition in Ihre Garderobe zu optimieren, sollten Sie auf einen Grundstock flexibel einsetzbarer, zeitloser und ausgewogener Grundelemente zurückgreifen können. Fast jede Branche hat ein spezifisches Outfit, eine eigene ungeschriebene Kleiderordnung, die jeder beherzigen sollte, der weiterkommen will. Da diese Dresscodes von Unternehmen zu Unternehmen stark variieren, werden in diesem Kapitel allgemein gültige „Business-Basics" vorgestellt.

Has casual Friday gone too far?
Im deutschen Geschäftsleben versteht man unter „casual" Kleidungsstücke, die ihre Betonung auf persönlichen Komfort und Stil setzen. Diese bequeme Garderobe hat sich an Tagen ohne Kundenkontakt mehr und mehr durchgesetzt. Viele Firmen haben meist freitags ihre starre Kleiderordnung gelockert, daher kommt auch die Bezeichnung „casual Friday."

Doch Vorsicht ist geboten, denn „casual wear" ist nicht gleichbedeutend mit Kleidung für körperliche Arbeit oder Freizeitkleidung wie Sweatshirt, ausgewaschene Jeans und Turnschuhe. So gerne Sie auch diese Kleidungsstücke tragen, wie wäre Ihnen zumute, wenn Sie darin plötzlich und unerwartet Ihrem wichtigsten Kunden gegenüber stünden?

Bequeme Kleidung ist etwas Relatives. Denken Sie nicht daran, welcher Wochentag ist, sondern welche Position Sie innehaben und welche Kleidung dafür angemessen ist. Kleidung ist immer ein Zeichen der Wertschätzung gegenüber den Menschen im persönlichen Umfeld, auch gegenüber Kollegen.

Semiformeller Anlass
Zum Beispiel der Besuch einer Veranstaltung mit Kunden und Geschäftspartnern und die Cocktail-Party nach Geschäftsschluss.

Als Alternative zu den klassischen „Business-Basics" wie Anzug, Hosenanzug und Kostüm wählen Sie als Geschäftmann doch einmal Jacketts und Hosen mit auflockernden, sportlichen Details, wie zum Beispiel aufgesetzten Taschen. Auch die Stoffe können aus strukturierteren Qualitäten wie Tweed, Cord oder edlem Leinen- beziehungsweise Baumwollstoffe hergestellt sein.

Für die Geschäftsfrau bieten sich zu diesen Anlässen die modischeren Varianten von Hosenanzug oder Kombination an. Aber Vorsicht, auch hier gilt: Exakte Passform und hochwertige Materialien sind obligatorisch. Es empfehlen sich Twinsets oder schicke Shirts für Damen als Kombi-Teile und für Herren Hemden ohne Krawatte, Feinstrickwaren wie Polo- und Rollkragenpullover. Einfarbige Pastelltöne bis hin zu kraftvollen Farben und Mustern können hier für Kleidungsstücke im Bereich des Oberkörpers individuell eingesetzt werden.

Formeller Anlass
Zum Beispiel im Geschäftsalltag in der Kundenbetreuung und Beratung, im Service, am Empfang, bei Besprechungen und Verhandlungen, zur Tagung, Konferenz und offener Fortbildungsveranstaltung. Aber auch bei Geschäftsessen, Betriebsversammlungen und Weihnachtsfeiern.

Für Damen bieten die Kombinationsmöglichkeiten von Rock, Hose, Bluse, Kleid und Jackett nahezu unbegrenzte Möglichkeiten. Material: Schurwolle oder Schurwollgemische mit technischen Qualitäten. Als Kombiteile bieten sich Blusen aus Baumwolle und Seide, schicke Shirts oder feine Strickwaren, zum Beispiel Twinsets, an.

In dieser Position ist für Herren eine Kombination aus dezent gemustertem Sakko und dunkler unifarbener Hose durchaus passend. Moderner wirkt ein einreihiger Anzug aus Schurwolle beziehungsweise Schurwollgemischen. Tragen Sie dazu langärmelige, unifarbene oder gemusterte Hemden mit Umlegekragen, zum Beispiel Kent-, Buttondown- oder Haifischkragen. Die Krawatte darf das Erscheinungsbild farblich auflockern.

Teamplayer/Teamleader
Treten Sie als Repräsentant Ihres Unternehmens im Team auf, sollten Sie nicht versuchen, sich mit modischen Extravaganzen von der Gruppe abzuheben. Streben Sie allerdings eine Beförderung an, dann orientieren Sie sich an der nächsthöheren Stufe, die Sie erreichen wollen, und machen Sie das mit Ihrer Kleidung deutlich.

Als Teamleader sind Sie Repräsentant des Unternehmens in Vorbildfunktion und sollten diesem Anspruch durch Auftreten und Kleidung gerecht werden.

Herren sind in dieser Funktion mit einem unifarbenen Anzug passend gekleidet. Tragen Sie keine Kombination und verzichten Sie auch an heißen Tagen auf Kurzarmhemden.

Damen sind mit einem dezenten Kostüm oder Hosenanzug für die unterschiedlichen Anlässe im Laufe eines langen Geschäftstages immer passend gekleidet. Tragen Sie keine Strickoberteile wie Twinsets, Pullover und auch keine ärmellosen Kleider ohne Jackett.

Referent/Redner

In dieser Rolle stehen Sie im Mittelpunkt des Interesses. Je besser Sie wahrgenommen werden, desto besser werden Sie auch vernommen. Folgende modisch-elegante Varianten bieten sich an:

- Der Hosenanzug/das Kostüm in dunkleren Farben für die Dame
- der dunkle Anzug für den Herrn

Kombinieren Sie dazu jeweils helle Blusen oder Hemden. Die Kleidung sollte nicht zu eng sein, das schränkt Sie selbst in Ihrer Bewegungsfreiheit ein. Viel Schmuck, der bei jeder Bewegung klappert, ist ebenfalls unangebracht.

Bei offiziellem Anlass

Beispiele:
- *zur Geschäfts- oder Kongresseröffnung,*
- *Einladung vom Vorgesetzten,*
- *Empfang,*
- *Geschäftsjubiläum oder Festvortrag,*
- *runder Geburtstag von Geschäftspartnern, festliches Dinner*

Zu eleganten Kostümen und Hosenanzügen in edelsten Stoffen wie reiner Schurwolle, Seiden- oder Baumwollgemischen kombiniert die Dame Seidentops oder Blusen. Das Kleid mit Jacke oder Compléte-Mantel wirkt sehr schick, dazu tragen Sie je nach Witterung feine, farblich abgestimmte Lederhandschuhe. Die passenden Schuhe hierzu sind Pumps mit leichtem Absatz und hauchfeine Nylons.

Herren tragen den einreihigen oder zweireihigen Anzug, mit oder ohne Weste, unifarben, in mittleren bis dunklen Farben und Materialien wie reiner Schurwolle oder Flanell. Dazu kombinieren sie Hemden mit Kent-, Cutaway- oder Turn-down-Krägen unifarben weiß oder eisfarben. Abgerundet wird das Outfit mit schwarzen Seiden-Langsocken und einem dunklen glattledernen Schnürschuh.

Festlicher Anlass

Beisipiele
- *zum Ballett,*
- *festliches Dinner,*
- *Theaterpremiere,*
- *Ball, Empfänge am Abend,*
- *festliche Party mit Geschäftsfreunden*

Eine Einladung mit Kleidervermerk ist die Gelegenheit für die große Garderobe. Der Vermerk bestimmt zwar stets die Garderobe des Herren, lässt aber Rückschlüsse auf die gewünschte Damengarderobe zu.

„Black Tie" bedeutet für Damen Cocktailkleid, feminines Kostüm oder hocheleganter Hosenanzug in weich fließenden Stoffen und klassisch-eleganten Farben. Dazu feminines, graziles Schuhwerk ohne Nylons.

„Black Tie" bedeutet für Herren schwarzer Smoking, Smokinghemd, schwarze Schleife, Kummerbund, Lackschuhe, schwarze Seidenstrümpfe.

„White Tie" verlangt das bodenlange Kleid oder den Damen-Frack für Damen und Frack, Frackhemd, weiße Schleife, Pikee-Weste, Lackschuhe, schwarze Seidenstrümpfe vom Herrn.

Ein gut verarbeitetes „little black dress" gilt heute als ein Paradebeispiel zeitloser Eleganz und gehört in jeden stilorientierten Kleiderschrank. Bei legeren Sommerfesten unter freiem Himmel darf dieses Cocktailkleid ruhig auch in Farben schwelgen.

Bei einer Trauerfeier
Wählen Sie Anzug, Kostüm, Hosenanzug, Kleid, Mantel und Strumpfwaren in schwarz oder einer möglichst dunklen anderen Farbe. Für witterungsbedingte Schirme und Handschuhe gilt ebenfalls schwarz. Der Trauerflor wird heute als schmales Knopflochband nur von unmittelbar Betroffenen getragen und dient dazu, die Trauernden vor unpassenden Gesprächsthemen zu schützen.

Festlichkeiten im familiären Kreis

Beispiele:
- *Hochzeit,*
- *Taufe, Konfirmation,*
- *Diplomabschlußfeier,*
- *Geburtstage, Jubiläen*

Ein Hochzeitsfest ist der erfreuliche Höhepunkt im Leben eines Paars und Betonung der Gemeinschaft. Zwar geben Braut und Bräutigam durch ihre Garderobe das Gesamtprotokoll vor, dennoch sollten Hochzeitsgäste nie den Ehrgeiz entwickeln, es der Brautleuten gleich zu tun. Vor allem, wenn die Braut in weiß heiratet, bleibt diese Farbe ihr allein vorbehalten.

Für weibliche Gäste bieten sich neben femininen Hosenanzügen und Kostümen vor allem knielange bis lange Kleider und Ensembles an. Mehr oder weniger transparente Materialien werden nicht allein vom Modetrend bestimmt, sondern auch vom guten Geschmack.

Der gepflegte männliche Gast trägt Anzug, je nach Jahreszeit, Motto oder Region farblich aufgelockert oder dezent dunkel. Dazu kombiniert er ein Langarmhemd mit Krawatte.

Privates Jubiläum, runder Geburtstag
Zu Jubiläen und runden Geburtstagen werden häufig auch Honoratioren der jeweiligen Gemeinde oder des Vereins eingeladen, man trifft „*alles, was im Ort Rang und Namen hat*". Deshalb sollten Sie die Blicke eher durch eine „*dezent-elegante*" Garderobe auf sich lenken, als durch ein aufreizendes oder zu legeres Outfit.

Private Geburtstagparty
Geburtstagspartys feiert man mit guten alten und neuen Freunden. Niemand erwartet hier militärische Ordnung, weder in Bezug auf Kleidung noch auf Ihr Verhalten. Legere, aber gepflegte Hosen und Röcke, dazu ein modisch-elegantes Oberteil und bequeme Schuhe, da häufig viel „herumgestanden" wird, werden dem Anlass gerecht.

Übung 15:

43. Wann schließt ein Geschäftsmann sein einreihiges Jackett?
 a. Wenn er seine Geschäftspartner begrüßt.
 b. Wenn er einen weiblichen Gast begrüßt.
 c. Im Gehen und Stehen immer.

44. Welche Aussage stimmt?
 a. Jede berufstätige Frau trägt Feinstrumpfwaren.
 b. Eine Geschäftsfrau in repräsentativer Funktion trägt selbst im Sommer Feinstrumpfwaren.
 c. Im Sommer kann man schon mal ohne Strümpfe gehn.

45. Was bedeutet das Kürzel „Black Tie" auf einer Einladung?
 a. Schwarzer Anzug und schwarze Krawatte sind Pflicht.
 b. Smoking für den Herren und Cocktailkleid für die Dame sind Pflicht.
 c. Frack für den Herren und langes Abendkleid für die Dame sind Pflicht.

Die 19 Gebote zur repräsentativen Garderobe

Mit der Wahl Ihrer Garderobe drücken Sie unübersehbar Ihren persönlichen Stil und Sinn für Werte aus. Wenn dabei Ihr Aussehen und Auftreten auch noch mit Ihren Image-Botschaften übereinstimmen, wird es Ihnen mühelos gelingen, repräsentativ aufzutreten und Ihre Mitmenschen von Ihrem Können zu überzeugen. Ein passendes Outfit sorgt für die richtigen Signale im Kontakt mit Kunden und Geschäftspartnern.

Basics

- Achten Sie stets auf hohe Qualität. Mit der Qualität steht und fällt Ihr Image.
- Wählen Sie einfarbige Modelle in den klassischen Farben: Schwarz und Dunkelblau für formelle und offizielle Angelegenheiten, Grau-Variationen und Dunkelbraun für den Geschäftsalltag.
- Platzieren Sie nicht mehrere Muster nebeneinander, das wirkt unruhig bis unseriös.
- Kombinieren Sie eine Krawatte stets zu einem Langarm-Hemd.
- Achten Sie darauf, dass der Hemdenkragen außerhalb des Jackettkragens sichtbar bleibt.
- Die Business-Hose liegt beim Herren satt auf dem Schuh auf, wirft nach vorn eine Falte und fällt nach hinten leicht ab.
- Die Business-Hose der Dame ist mindestens knöchelbedeckend, das schließt Hosenrock, Bermudahose und Leggins als Geschäftskleidung aus.
- Tragen Sie keine durchscheinende oder eng anliegende Kleidung.

- Die ideale Rocklänge der Dame ist knieumspielend, maximal eine Handbreite oberhalb des Knies endend.
- Die Dame trägt bei offiziellem Anlass stets unifarbene Feinstrumpfwaren, die als farbliche Brücke zwischen Oberbekleidung und Schuh kombiniert werden.
- Die Strumpfwaren für den Herrn bilden eine farbliche Brücke zwischen Saum und Schuh und bedecken das Schienbein beim Übereinanderschlagen der Beine.

Lederwaren
- Vergessen Sie nie den dezenten Gürtel, wenn die Hose oder der Rock Gürtelschlaufen hat. Sie wirken sonst nicht vollständig gekleidet.
- Stimmen Sie Lederwaren wie Schuhe, Gürtel, Lederarmband der Uhr und Aktentasche farblich aufeinander ab: But don't wear brown after six!
- Damen tragen für den formellen Anlass vorn geschlossene, einfarbig auf die Oberbekleidung abgestimmte Schuhe.
- Der Gentleman trägt für den formellen Anlass einen glattledernen, schwarzen oder braunen Halbschuh, für den festlichen Anlass jedoch immer den glattledernen, schwarzen Schnürschuh.
- Kombinieren Sie niemals dunkle Strümpfe mit hellen Schuhen oder helle Socken mit dunklen Schuhen. White socks don't work!

Accessoires
- Weniger ist mehr. Wählen Sie wenige, aber erlesene Stücke und stimmen Sie die Metallfarben aufeinander ab.
- Vermeiden Sie billiges Zubehör, zum Beispiel eine Uhr mit Plastikarmband oder neureiche, protzige "Luxus"-Güter.
- Vermeiden Sie Tattoos und Piercings, sie passen ins Geschäftsleben wie Ketchup zu Filet Mignon.

12. Starten Sie durch mit Presenting Yourself!

Kompetenz, darauf kommt es doch an. Man verbringt viele Jahre mit Schule und Studium, um sich in seinem Fach zu qualifizieren. Warum soll es nicht ausreichen, seine Arbeit so gut wie möglich zu erledigen?

Selbstverständlich kommt es vor allem im Geschäftsleben auf Fachkompetenz an. Aber um wirklich erfolgreich zu sein, brauchen Sie in gleichem Maße auch das Wissen um die souveräne Darstellung Ihrer Kompetenz.

Mit wertschätzendem Verhalten und einem gepflegten Erscheinungsbild drücken Sie unübersehbar neben Ihrer fachlichen auch Ihre soziale Kompetenz aus. Eine gekonnte Selbst-Präsentation sorgt für die richtigen Signale, denn was für Ihr Gegenüber offensichtlich ist, müssen Sie nicht erst wortreich erklären.

Wenn dabei Ihr Aussehen und Auftreten auch noch mit Ihrem persönlichen Image und den Image-Botschaften Ihres Unternehmens übereinstimmen, wird es Ihnen gelingen, Ihre Geschäftspartner und Kollegen von Ihren Qualitäten und Fähigkeiten zu überzeugen.

Tatsache ist: Wer mit verbalen und nonverbalen Kommunikationsmitteln gleichermaßen umzugehen weiß, kann in jeder geschäftlichen und gesellschaftlichen Situation mühelos Punkte sammeln. Die falschen Signale dagegen sind wahre „Karriereblocker".

Um Perfektion geht es hierbei nicht und auch nicht um Uniformität. Die große Herausforderung besteht vielmehr in der authentischen Darstellung eigener Verhaltensnormen und der Sensibilisierung für fremde Menschen und deren Bedürfnisse.

„Presenting Yourself" gibt Ihnen die Instrumente an die Hand, mit denen Sie auf der Klaviatur der modernen geschäftlichen wie gesellschaftlichen Kommunikation selbstbewusst und authentisch spielen können. Nicht mit erhobenem, schulmeisterlichem Zeigefinger, sondern auf vernünftige Weise, praxisnah und realistisch, dem gesunden Menschenverstand verpflichtet.

> „Die Welt ist eine Bühne
> und alle Frau'n und Männer bloße Spieler."
>
> William Shakespeare
> aus *Wie es Euch gefällt*

In diesem Sinne: Viel Erfolg bei Ihrer nächsten Selbst-Präsentation.

Auflösung der Übungen

Übung 1 (Seite 31)

1. Sie sind zu einem eleganten Abendessen eingeladen. Wann sollten Sie nach Hause gehen?
Ich gehe spätestens eine Stunde nach dem Kaffee oder Digestif.
Der Duft des frischen Kaffees ist für den höflichen Gast das Signal, dass der Aufbruch naht.

2. Sie kommen etwas zu spät zu einem Meeting. Wie verhalten Sie sich?
Ich grüße mit einem Kopfnicken in die Runde und nehme Platz.
Um den Arbeitsablauf im Meeting nicht unnötig zu stören, entschuldigt man sich erst in der nächsten Pause beim Vorsitzenden.

3. Sie sind zu einem Firmenjubiläum eingeladen. Auf der Einladung steht als Zeitangabe „16.00 Uhr c.t.". Was sagt Ihnen das?
Das Programm beginnt um 16.15 Uhr.
Man kann ab 16.00 Uhr erscheinen, das eigentliche Programm beginnt jedoch erst um 16.15 Uhr.

Übung 2 (Seite 34)

4. Sie holen den Ihnen persönlich noch nicht bekannten Gast im Foyer ab. Im Wartebereich sitzen mehrere Personen. Was tun Sie?
Ich gehe an den Empfang und erfrage dort die Person.
Am Empfang erfährt man, welche der Personen der Ansprechpartner ist. Man umgeht so das oft unsicher wirkende Erfragen des Ansprechpartners vor der Gruppe.

5. Sie empfangen einen Geschäftspartner in Ihrem Büro. Welche Aussage ist korrekt?
Als Gastgeber gehe ich dem Gast entgegen.
Das ist in doppelter Hinsicht als positives Signal zu werten: Zum einen als wertschätzende Geste des Gastgebers. Zum anderen als Zeichen der Bereitschaft zur Annäherung.

6. Zum Ritual des freundlichen Empfangens gehören folgende Handlungen:
Der Blickkontakt, der während des Empfangens der Gäste aufrecht erhalten wird.
Der Blickkontakt ist eine Geste, mit der man Interesse am Gegenüber zeigen kann. Dieser sollte nicht unterbrochen werden, indem man sich zum Beispiel durch Nebensächlichkeiten ablenken lässt.

Übung 3 (Seite 38)

7. Eine größere Gruppe von Personen steht beisammen. Sie kommen hinzu. In der Gruppe sind Männer und Frauen, aber auch Gastgeberin und Gastgeber. In welcher Reihenfolge grüßen Sie?
Ich grüße Gastgeberin und Gastgeber und danach alle übrigen Personen.

Der höfliche Gast grüßt zuerst die Gastgeberin, dann den Gastgeber. Anschließend die übrigen Gäste nacheinander im Uhrzeigersinn, beginnend an seiner linken Seite.

8. Sie kommen als Kunde in eine Parfümerie, die Verkäuferin nimmt Sie wahr. Wer grüßt wen zuerst?

Ich grüße die Verkäuferin zuerst.

Derjenige, der einen Raum betritt, grüßt die darin befindlichen Personen zuerst. Das heißt, der Kunde grüßt beim Betreten des Verkaufsraums alle anwesenden Kunden zuerst. Hier reicht ein freundliches Zunicken.

9. Wie reagieren Sie auf die Floskel „Wie geht's"?

„Danke, gut und Ihnen?"

Die Höflichkeits-Floskel „Wie Geht's?" verlangt keine ehrliche Antwort, sondern eine höfliche Erwiderung.

Übung 4 (Seite 45)

10. Sie werden der Frau Ihres Chefs vorgestellt. Wie bringen Sie die Freude über den Kontakt zum Ausdruck?

„Guten Tag. Ich freue mich, Sie kennen zu lernen."

Die Antwort a. ist die zeitgemäße Erwiderung. Antwort b. klingt altmodisch und Antwort c. wirkt übertrieben.

11. Sie stellen sich einem Kollegen vor. Was sagen Sie?

„Guten Tag. Ich bin Nina Kleinschmidt, die neue Verkaufsleiterin."

Die zweite Antwort ist eine klare Aussage und bietet dem Gegenüber alle notwendigen ersten Informationen zur Kontaktaufnahme.

12. Sie möchten als Gastgeber einer Einweihungsparty Ihre Gäste Birgit Rose und Markus Gerstner einander vorstellen. In welcher Reihenfolge tun Sie das?

„Hallo Frau Rose, das ist Markus Gerstner, Herr Gerstner, das ist Birgit Rose."

Bei einem gesellschaftlichen Anlass gilt die Dame ranghöher als der Herr, somit wird der Name des Herrn der Dame zuerst genannt.

Übung 5 (Seite 52)

13. Sie werden Herrn Professor Dr. August Graf von Ronneberg vorgestellt. Wie reden Sie ihn korrekt an?

„Guten Tag, (Herr) Professor Graf Ronneberg."

Der Adelstitel ist heute Bestandteil des Namens und wird vor den Namen gesetzt.

14. Sie, Wolfgang Meier, haben einen akademischen Grad. Wie stellen Sie sich als souveräner Titelträger korrekt vor?

„Guten Tag, mein Name ist Wolfgang Meier."

Der souveräne Titelträger nennt seinen Titel beim Vorstellen nicht.

15. Bei der Jubiläumsveranstaltung Ihrer Firma haben Sie die ehrenvolle Aufgabe, die Gäste zu empfangen. Welche unten genannte Aussage ist korrekt?

Den Kardinal spreche ich mit *„Eminenz"* an.

Die Anrede Eminenz ist korrekt. Das *„Fräulein"* gibt es als Anrede im deutschen Wortschatz nicht mehr. Der Träger eines Amtstitels wird zu diesem Anlass allein mit seinem Titel angesprochen.

Übung 6 (Seite 55)

16. Was tun Sie, wenn Sie beim Handgeben einen unangenehm feuchten Händedruck spüren?

Ich lasse mir nichts anmerken.

Da feuchte Hände jedem Menschen peinlich sind, sollte man diskret darüber hinweg sehen.

17. Sie, Ausbildungsleiter, haben ein Gespräch mit einem Auszubildenden Ihrer Firma. Der Auszubildende grüßt Sie höflich. Wer gibt wem die Hand?

Ich reiche dem Auszubildenden die Hand.

Der im Rang höher stehende Ausbildungsleiter reicht dem im Rang niedrigeren Auszubildenden die Hand zum Gruß.

18. Sie empfangen einen Kunden in Ihrem Büro. Wer gibt wem zuerst die Hand?

Ich warte ab, ob mir der Kunde die Hand reichen will.

Der Gastgeber heißt seinen Kunden mit freundlichen Worten willkommen. Seine Bereitschaft zum Handschlag sollte er durch eine entsprechende Geste, zum Beispiel das leichte Anheben der rechten Hand, andeuten. Der Kunde sollte sich jedoch nicht zum Händedruck gezwungen fühlen.

Übung 7 (Seite 57)

19. Welche Aussage zum Wangenkuss ist korrekt?

Weder die Lippen noch die Wangen berühren die Wangen des Gegenübers.

Der Wangenkuss wird lediglich angedeutet, es kommt zu keinem wirklichen Hautkontakt.

20. Bei welchem Anlass ist ein Handkuss passend?

Bei festlichen Anlässen gegenüber ehrwürdigen Damen.

Ein Handkuss ist das Zeichen besonderer Wertschätzung in festlich-elegantem Ambiente.

21. Was ist bei einem Handkuss zu berücksichtigen?

Der Herr hält dabei Blickkontakt.

Der Herr hält Blickkontakt, um nicht den Eindruck zu erwecken, lediglich das Dekolletee näher begutachten zu wollen.

Übung 8 (Seite 59)

22. Jemand stellt sich Ihnen bei einer Groß-Veranstaltung vor und übergibt seine Visitenkarte. Wie verhalten Sie sich?

Ich nehme sie an und überreiche ihm meine Karte im Gegenzug.

Der höfliche Mensch wird eine ihm angebotene Visitenkarte nicht ablehnen. Dies könnte das Gegenüber als Gesichtsverlust empfinden.

23. Welche Aussage bezüglich des Umgangs mit der Visitenkarte ist korrekt?
Höherrangige bittet man nicht um ihre Visitenkarte.
Die Visitenkarte ist Teil Ihrer geschäftlichen Persönlichkeit. Der im Rang Höhere initiiert den Austausch von Visitenkarten.

24. Wo bewahren Sie Ihre eigenen Visitenkarten auf, wenn Sie unterwegs sind?
Im Visitenkartentäschchen des Jacketts.
Jedes Business-Jackett hat auf der linken Innenseite ein kleines Fach, das in Größe und Verarbeitung speziell für Visitenkarten vorgesehen ist.

Übung 9 (Seite 63)

25. Wann sollten Sie bei einem Abendessen mit Geschäftspartnern die geschäftlichen Themen ansprechen?
Der früheste Zeitpunkt ist nach dem Dessert.
Man muss auch mal Pause machen und das Essen genießen können. Zu einem gepflegten Abendessen gibt es weitaus angenehmere und passendere Gesprächsthemen als den „business talk".

26. Sie möchten als Gast ein schier endloses Gespräch mit einem anderen Gast beenden. Wie kommen Sie am geschicktesten aus der Situation?
Ich bedanke mich für das Gespräch und verabschiede mich.
Man lässt sein Gegenüber seinen Gedanken zu Ende führen und nutzt die Atempause dazu, sich von ihm zu verabschieden und sich den anderen Gästen zuzuwenden.

27. Welche Aussage ist korrekt?
Bei erkennbarem Zeitmangel des Gegenübers sollte auf Smalltalk verzichtet werden.
Smalltalk dient als entspannter Gesprächseinstieg und verfehlt seine Wirkung völlig, wenn Gesprächspartner unter Zeitdruck stehen.

Übung 10 (Seite 65)

28. Sie laden eine Geschäftspartnerin zum Essen ins Restaurant ein und werden vom Oberkellner an den Tisch begleitet. In welcher Reihenfolge gehen Sie zum Tisch?
Meine Geschäftspartnerin geht hinter dem Oberkellner, ich gehe zum Schluss.
Der Gast, ganz gleich ob männlich oder weiblich, geht hinter dem Oberkellner und der Gastgeber bildet das Schlusslicht.

29. Sie begleiten einen Besucher durch das Unternehmen und kommen an eine Tür. Welche Aussage ist korrekt?
Der Gastgeber geht durch die Tür nach draußen, zum Beispiel auf den Parkplatz, voran.
Eine Pflicht des Gastgebers ist, für den Schutz des Gastes zu sorgen. Er geht also in mögliche Gefahrenzonen voraus.

30. Sie führen einen Besucher durch Ihr Unternehmen und kommen an eine Treppe. Wie verhalten Sie sich?
Der Gastgeber geht hinter dem Gast die Treppe hoch.
Der Besucher befindet sich auf fremdem Terrain und ist mit den Abmessungen der Stufen nicht vertraut. Bei etwaigem Stolpern kann der Gastgeber so einen schmerzhaften Sturz die Stufen hinab verhindern.

Übung 11 (Seite 76)

31. Wie verhalten Sie sich korrekt, wenn Ihr Gesprächspartner Ihnen ungewollt nahe kommt?
Ich sage höflich aber bestimmt, was mich stört.
Man sagt sachlich, dass einem die körperliche Nähe ungewohnt ist und man einen etwas größeren Gesprächsabstand bevorzugt.

32. Wie verhalten Sie sich auf engstem Raum, zum Beispiel dem Lift, höflich?
Wenn ich den Raum betrete, grüße ich die bereits Anwesenden freundlich.
Ein kurzer, freundlicher Gruß in die Runde verbessert die oft als erdrückend eng empfundene Atmosphäre im Lift deutlich.

33. Der Begriff der „deutschen" Sitzordnung besagt ...
... dass ich als Gastgeber den ranghöchsten weiblichen Gast an meiner rechten Seite platziere.
Der Gastgeber ist Tischherr des ranghöchsten weiblichen Gastes.

Übung 12 (Seite 80)

34. Sie sind zu einer Cocktailparty eingeladen. Welcher Zeitraum ist dafür angebracht?
Ich verabschiede mich spätestens nach zwei Stunden wieder.
Eine Cocktailparty ist keine Party mit „open end", sondern bildet den Übergang zwischen Arbeitstag und Abendveranstaltung.

35. Sie möchten sich zum Ende eines gesellschaftlichen Anlasses verabschieden. Wie verhalten Sie sich korrekt?
Als Gast verabschiede ich mich zuerst von den Gastgebern.
Die korrekte Reihenfolge lautet: Erst die Gastgeber, dann die guten Bekannten und am Ende die neuen Bekanntschaften.

36. Sie müssen die Feier früher verlassen. Wie regeln Sie das am geschicktesten?
Ich kündige dies bereits zu Beginn den Gastgebern an.
Sie setzen die Gastgeber rechtzeitig davon in Kenntnis und verlassen dann, zum gegebenen Zeitpunkt, diskret die Feier.

Übung 13 (Seite 88)

37. Der Gastgeber, an der Tafel sitzend, muss niesen. Was sagen Sie?
Gar nichts, um ihn nicht noch mehr in Verlegenheit zu bringen.
„*Gesundheit*" sollte man dann nicht aussprechen, wenn man es „zurufen" muss, zum Beispiel in größeren Gruppen oder an einer festlichen Tafel.

Da allerdings noch nicht jeder diese Regel kennt, können Sie den verbalen Gruß durch ein verständnisvolles Kopfnicken ersetzen.

38. Bei einem heiter-ausgelassenen Betriebsfest bietet Ihnen Ihr Chef das DU an. Wie verhalten Sie sich am nächsten Morgen?
Ich grüße freundlich, warte aber ab, wie er mich anspricht.
Das oft unüberlegt eingesetzte DU bei inoffiziellen Veranstaltungen sollte nicht als Aufforderung zum generellen DU für den Geschäftsalltag missverstanden werden.

39. Sie kommen zu spät ins Kino oder Theater, die Vorstellung hat bereits begonnen. Wie gehen Sie zu Ihrem Platz?
Ich gehe mit dem Gesicht den Sitzenden zugewandt durch die Reihe.
Der zu spät Kommende geht möglichst leise, mit dem Gesicht den Sitzenden zugewandt auf seinen Platz.

Übung 14 (Seite 96)

40. Der beste Platz für Gäste im eigenen PKW befindet sich ...
... neben dem Fahrer.
Wegen der größten Beinfreiheit und der guten Sicht ist der beste Platz im eigenen PKW der Beifahrersitz.

41. Was sind selbstverständliche Rechte und Pflichten des stil- und rücksichtsvollen Hotelgastes?
Er vermeidet lautes Radio oder TV nach 22 Uhr.
Der stilvolle Hotelgast verhält sich rücksichtsvoll gegenüber anderen Gästen und dem Personal des Hotels.

42. Welche Aussage bezüglich der Trinkgeldvergabe ist korrekt?
Der Zugbegleiter darf Trinkgeld annehmen.
Hilft Ihnen ein Zugbegleiter zum Beispiel mit den Koffern, so ist Trinkgeld durchaus angebracht.

Übung 15 (Seite 101)

43. Wann schließt ein Geschäftsmann sein einreihiges Jackett?
Wenn er seine Geschäftspartner begrüßt.
Es gilt als Zeichen des Respekts dem Gast gegenüber, wenn der Gastgeber sein Jackett während der Begrüßung schließt.

44. Welche Aussage stimmt?
Eine Geschäftsfrau in repräsentativer Funktion trägt selbst im Sommer Feinstrumpfwaren.
Sobald eine Frau als Imageträgerin ihres Unternehmens fungiert, sollte sie nie das nackte Bein zeigen.

45. Was bedeutet das Kürzel „Black Tie" auf einer Einladung?
Smoking für den Herrn und Cocktailkleid für die Dame sind Pflicht.
Mit dem Garderobenvermerk „Black Tie" macht der Gastgeber klar, dass der Stil der Veranstaltung den Smoking und das Cocktailkleid verlangt.

Weiterführende Literatur und Quellen

Dr. Asfa-Wossen Asserate
Manieren
Eichborn 2003

Prof. Joachim Bauer
Warum ich fühle, was Du fühlst
Hoffmann und Campe 2005

Mag. Dr. Erwin Gollner, Mag. Friedrich Kreuzriegler, Dr. Christian Thuile
Health Coaching
Urban & Fischer 2001

Dr. phil Ulrich Jochmann
Verhaltenstipps für den Empfangsdienst
Boorberg, zweite Auflage 2003

Prof. Dr. Hans D. Mummendey
Psychologie der Selbstdarstellung
Hogrefe, zweite Auflage 1995

Dr. phil. Lord Jack G.O. Nasher-Awakemian
Die Kunst Kompetenz zu zeigen
mvg Verlag 2003

Dr. Beat Schaller
Die Macht der Psyche
Langenmüller/Herbig, vierte Auflage 2003

Prof. Dr. Felix Scherke
Betriebsknigge.
Industrieverlag K. H. Gehlsen 1955

Prof. C. Bernd Sucher
Hummer, Handkuss, Höflichkeiten
dtv premium 1996

Stichwortverzeichnis

A

Abendkleid 105
Accessoires 106
Adelstitel .... 54 f., 110
Anzug .... 102 ff.
Aschenbecher 94
Aufstehen 29, 82, 94, 98

B

Begrüßen 38, 41, 44
bekannt machen .... 45, 48 f.
Berufstitel 52
beschweren 78
Black Tie 103, 114
Brotteller 94

C

c. t. *Siehe* cum tempore
Cocktailparty 33, 84, 113
cum tempore 33

D

Distanzzonen 72
Doktortitel 54
Doppelname 50
Duzen .... 88 f., 90

E

Ehrengast 42, 52
Einladung ....33 ff., 40, 49, 63, 65 f., 81 ff., 90, 95, 103, 105, 109, 114
Entschuldigung .... 32 ff., 66, 91
Essen .... 29, 66, 69, 82 f., 93 ff., 112
Etikette .... 12 ff., 17, 40, 59

F

Frack 104
Fräulein 43, 50, 56, 111

G

Garderobe .... 36, 87 f., 93, 101 ff.
Gastlichkeit 7, 40, 93
Glas 29, 94
Grüßen .... 11, 32, 36, 39 ff., 65, 97, 98

H

Händedruck .... 55, 58 f., 111
Handkuss .... 58, 60 f., 111, 115
Handschuhe 58, 104
Hemd 105
Hierarchie .... 13 f., 39, 44, 75
Hotel 41, 99
Husten 85, 94

J

Jackett 35, 102, 105, 112, 114
Jugendliche 59, 79

K

Kellner 95
Kommunikation ...... 11, 20, 35 f., 71 f., 76 ff., 107
Kostüm .... 62, 102 ff.,
Krawatte 102, 104, 105

L

Lächeln ... 15 f., 34, 37 f., 40, 48, 60, 72, 87, 98 f.
Lackschuhe .... 103 f.

M

Mantel ablegen 36, 87

N

Niesen .... 12, 85 ff.

P

Papiertaschentuch 87
Platzieren 73, 105
Protokoll .... 13 f., 17, 39, 54
Pünktlichkeit .... 31, 33 f.

R

Reklamation 78
Respekt 31, 32, 53, 57, 62, 98
Restaurant .... 34, 66 ff., 88, 93, 100, 112

S

s. t. *Siehe* sine tempore
Schmuck 103
Schuhe .... 94, 103 f., 106
Serviette 94
Siezen .... 88 f.
sine tempore 33
Smalltalk .... 32, 62, 64, 66 ff., 112
Smoking 103, 114
Socken 106
Stofftaschentuch .... 12, 58 f., 86, 87
Strümpfe .... 105 f.

T

Tafel 92, 94, 113
Tasse 24, 29
Tisch .... 13, 16, 39, 41, 62 f., 66, 69, 73 ff., 87, 93 f., 112
Tischherr 113
Titel .... 45, 52 ff., 61, 110 f.
Trauerfeier 104

Trinken .... 66, 93 f.
Trinkgeld .... 95, 97 ff., 114

U

Unpünktlichkeit 11, 31, 33

V

Verabschiedung .... 81 ff.
Visitenkarte .... 12, 23, 51, 61 ff., 111 f.
Vorstellen .... 42 f., 45, 47 f., 110

W

Wangenkuss 38, 59, 61, 111
White Tie 104

BusinessVillage – Update your Knowledge!

Persönlicher Erfolg

- 583 Free your mind – Das kreative Selbst, Albert Metzler
- 596 Endlich frustfrei! Chefs erfolgreich führen; Christiane Drühe-Wienholt
- 604 Die Magie der Effektivität, Stéphane Etrillard
- 624 Gesprächsrhetorik, Stéphane Etrillard
- 631 Alternatives Denken, Albert Metzler
- 661 Allein erfolgreich – Die Einzelkämpfermarke, Giso Weyand

Präsentieren und konzipieren

- 590 Konzepte ausarbeiten – schnell und effektiv, Sonja Klug
- 632 Texte schreiben – Einfach, klar, verständlich, Günther Zimmermann
- 635 Schwierige Briefe perfekt schreiben, Michael Brückner
- 625 Speak Limbic – Wirkungsvoll präsentieren, Anita Hermann-Ruess
- 646 Geschäftsbriefe und E-Mails – Schnell und professionell, Irmtraud Schmitt

Richtig führen

- 614 Mitarbeitergespräche richtig führen, Annelies Helff; Miriam Gross
- 616 Plötzlich Führungskraft, Christiane Drühe-Wienholt
- 629 Erfolgreich Führen durch gelungene Kommunikation, Stéphane Etrillard; Doris Marx-Ruhland
- 638 Zukunftstrend Mitarbeiterloyalität, 2. Auflage, A. M. Schüller
- 643 Führen mit Coaching, Ruth Hellmich

Vertrieb und Verkaufen

- 479 Messemarketing, Elke Clausen
- 561 Erfolgreich verkaufen an anspruchsvolle Kunden, Stéphane Etrillard
- 562 Vertriebsmotivation und Vertriebssteuerung, Stéphane Etrillard
- 587 Zukunftstrend Empfehlungsmarketing, Anne M. Schüller
- 605 Fit für die Neukundengewinnung, Rolf Leicher
- 606 Sell Limbic – Einfach verkaufen, Anita Hermann-Ruess
- 618 Events und Veranstaltungen professionell managen, Melanie Dressler
- 619 Erfolgreich verhandeln, erfolgreich verkaufen, Anne M. Schüller
- 647 Erfolgsfaktor Eventmarketing, Melanie von Graeve
- 664 Best-Selling – Verkaufen an die jungen Alten, Stéphane Etrillard
- 668 Mystery Shopping, Ralf Deckers; Gerd Heinemann
- 724 Sell Clever! Neukundengewinnung für Dienstleister, Hansjörg Schmidt
- 726 Sog-Selling – Einfach unwiderstehlich verkaufen, Stéphane Etrillard

Kundenbindung

- 476 Beschwerdemanagement, Klaus Erlbeck
- 567 Zukunftstrend Kundenloyalität, Anne M. Schüller
- 570 Couponing in der Praxis, Sebastian Dierks; Dirk Ploss
- 573 Kundenwert durch Kundenbindung in der Praxis, Kolja Wehleit; Arno Bublitz
- 577 CRM erfolgreich einsetzen, Prof. Dr. Heinrich Holland
- 610 Faktor Service – Was Kunden wirklich brauchen, Dirk Zimmermann

Direkt-Marketing

- 546 Telefonmarketing, Robert Ehlert, Annemike Meyer
- 563 Telefonmarketing-Kampagnen, Markus Grutzeck
- 584 Perfekt texten, Detlef Krause
- 586 Adress- und Kundendatenbanken für das Direktmarketing, Carsten Kraus

PR und Kommunikation

- 478 Kundenzeitschriften, Thomas Schmitz
- 557 Krisen PR – Alles eine Frage der Taktik, Frank Wilmes
- 569 Professionelle Pressearbeit, Annemike Meyer
- 595 Interne Kommunikation. Schnell und effektiv, Caroline Niederhaus
- 653 Public Relations, Hajo Neu, Jochen Breitwieser
- 594 1×1 für Online-Redakteure und Online-Texter, Saim Rolf Alkan
- 691 Wie Profis Sponsoren gewinnen, 2. Auflage Roland Bischof

Online-Marketing

- 506 Besser texten, mehr verkaufen auf Corporate Websites, Stefan Heijnk
- 688 Performance Marketing, 2. Auflage, Thomas Eisinger; Lars Rabe; Wolfgang Thomas (Hrsg.)
- 690 Erfolgreiche Online-Werbung, 2. Auflage, Marius Dannenberg; Frank H. Wildschütz
- 692 Effizientes Suchmaschinen-Marketing, 2. Auflage Thomas Kaiser

Marketing-Strategien

- 454 Professionelle Preisfindung, Georg Wübker
- 533 Corporate Identity ganzheitlich gestalten, Volker Spielvogel
- 574 Marktsegmentierung in der Praxis, Jens Böcker; Katja Butt; Werner Ziemen
- 603 Die Kunst der Markenführung, Carsten Busch
- 612 Cross-Marketing – Allianzen, die stark machen, Tobias Meyer, Michael Schade
- 630 Kommunikation neu denken – Werbung, die wirkt Malte Altenbach
- 712 Der Wow-Effekt – Marketing mit kleinem Budget und großer Wirkung, Claudia Hilker

Zielgruppenmarketing

- 566 Seniorenmarketing, Hanne Meyer-Hentschel; Gundolf Meyer-Hentschel
- 571 Generation 40+ Marketing, Elke Verheugen

Gründen und Finanzen

- 622 Die Bank als Gegner, E. A. Bach; V. Friedhoff; U. Qualmann
- 634 Forderungen erfolgreich eintreiben, Christine Kaiser
- 656 Praxis der Existenzgründung – Erfolgsfaktoren für den Start, Werner Lippert
- 657 Praxis der Existenzgründung – Marketing mit kleinem Budget, Werner Lippert
- 658 Praxis der Existenzgründung – Die Finanzen im Griff, Werner Lippert

Faxen Sie dieses Blatt an:
+49 (5 51) 20 99-105

Oder senden Sie Ihre Bestellung an:
BusinessVillage GmbH
Reinhäuser Landstraße 22, 37083 Göttingen
Tel. +49 (5 51) 20 99-100
info@businessvillage.de

Ja, ich bestelle:

☐ Exemplar(e) ☐ Exemplar(e)

Speak Limbic –
Wirkungsvoll präsentieren

Ein Arbeitsbuch, das Präsentierenden, Verkäufern, Textern und Strategen zeigt, wie sie die limbischen Profile ihrer Zielgruppe herausfinden und diese direkt und gezielt ansprechen.

Art.-Nr. 679
79,00 € • 81,50 € [A] • 130,00 CHF

Endlich frustfrei!
Chefs erfolgreich führen

Wie kann ich meinen Chef dazu bringen, das zu tun, was ich will? Diese Frage stellen sich viele Mitarbeiter. Eigentlich ganz einfach! Praxisnah erfahren Sie in diesem Buch, wie Sie Ihren Chef auf Ihre Seite ziehen und ihn für Ihre Ideen und Ziele gewinnen. So klappts endlich mit dem Chef!

Art.-Nr. 596
21,80 € • 22,50 € [A] • 35,90 CHF

(Alle Praxisleitfäden der Edition PRAXIS.WISSEN kosten 21,80 € • 22,50 € [A] • 35,90 CHF)

Menge	Art.-Nr.	Titel	Einzelpreis €/CHF
1	669	>> KOSTENLOS – Erfolgsfaktoren	0,00 €

Firma

Vorname   Name

Straße   Land   PLZ   Ort

Telefon   E-Mail

Datum, Unterschrift

BusinessVillage – Update your Knowledge!

Expertenwissen auf einen Klick

Gratis Download:
MiniBooks – Wissen in Rekordzeit

MiniBooks sind Zusammenfassungen ausgewählter BusinessVillage Bücher aus der Edition PRAXIS.WISSEN. Komprimiertes Know-how renommierter Experten – für das kleine Wissens-Update zwischendurch.

Wählen Sie aus mehr als zehn MiniBooks aus den Bereichen: **Erfolg & Karriere, Vertrieb & Verkaufen, Marketing und PR.**

→ www.BusinessVillage.de/Gratis

BusinessVillage
Update your Knowledge!

Verlag für die Wirtschaft